조리능력 향상의 길잡이

한식조리

전골

한혜영·신은채·안정화·임재창 공저

ᛒ (주)백산출판사

머리말

과학기술의 발달은 사회 변동을 촉진하고 그 결과 사회는 점점 빠르게 변화되고 있다.

사회가 발달하고 경제상황이 좋아짐에 따라 식생활문화는 풍요로워졌고, 음식문화에 대한 인식변화를 가져오게 되었다.

음식은 단순한 영양섭취 목적보다는 건강을 지키고 오감을 만족시켜 행복지수를 높이며, 음식커뮤니케이션의 기능과 함께 오락기능을 더하고 있다.

이에 전문 조리사는 다양한 직업으로 분업화·세분화되어 활동하게 되는데, 그 인기도는 조리 전문 방송 프로그램이 많아진 것을 보면 쉽게 알 수 있다.

현재 우리나라는 국가직무능력표준(NCS: national competency standards)을 개발하여 산업현장에서 직무를 수행하기 위해 요구되는 지식, 기술을 국가적 차원에서 표준화하고 있다.

이 책은 조리의 기초적인 부분부터 조리사가 알아야 하는 전반적인 내용을 담고 있어 산업현장에 적합한 인적자원 양성에 도움이 되는 전문서가 될 것으로 생각하며, 조리능력 향상에 길잡이가 될 것으로 믿는다.

왜냐하면 특급호텔인 롯데와 인터컨티넨탈에서 15년간의 현장 경험과 15년의 교육 경력을 바탕으로 정확한 레시피와 자세한 설명을 곁들여 정리하였기 때문이다.

조리학문 발전을 위해 노력하신 많은 선배님들께 감사드리며, 늘 배려를 아끼지 않으시는 백산출판사 사장님 이하 직원분들께 머리 숙여 깊은 감사를 드린다.

조리인이여~

넓은 세상을 보고 많은 꿈을 꾸며, 희망을 가지고 남다른 노력을 한다면, 소망과 꿈은 이루어지리라.

대표저자 **한혜영**

CONTENTS

NCS – 학습모듈의 위치

대분류	음식서비스
중분류	식음료조리·서비스
소분류	음식조리

세분류		
한식조리	**능력단위**	**학습모듈명**
양식조리	한식 위생관리	한식 위생관리
중식조리	한식 안전관리	한식 안전관리
일식·복어조리	한식 메뉴관리	한식 메뉴관리
	한식 구매관리	한식 구매관리
	한식 재료관리	한식 재료관리
	한식 기초 조리실무	한식 기초 조리실무
	한식 밥 조리	한식 밥 조리
	한식 죽 조리	한식 죽 조리
	한식 면류 조리	한식 면류 조리
	한식 국·탕 조리	한식 국·탕 조리
	한식 찌개 조리	한식 찌개 조리
	한식 전골 조리	**한식 전골 조리**
	한식 찜·선 조리	한식 찜·선 조리
	한식 조림·초 조리	한식 조림·초 조리
	한식 볶음 조리	한식 볶음 조리
	한식 전·적 조리	한식 전·적 조리
	한식 튀김 조리	한식 튀김 조리
	한식 구이 조리	한식 구이 조리
	한식 생채·회 조리	한식 생채·회 조리
	한식 숙채 조리	한식 숙채 조리
	김치 조리	김치 조리
	음청류 조리	음청류 조리
	한과 조리	한과 조리
	장아찌 조리	장아찌 조리

한식 전골 조리 학습모듈의 개요

학습모듈의 목표

육류, 채소류, 버섯류, 해산물류를 용도에 맞게 썰어 양념한 뒤 건더기가 잠길 정도로 육수나 국물을 부어 함께 끓여낼 수 있다.

선수학습

식품재료학, 조리과학, 한식조리

학습모듈의 내용체계

학습	학습내용	NCS 능력단위요소	
		코드번호	요소명칭
1. 전골 재료 준비하기	1-1. 전골 재료 준비 및 전처리	1301010124_16v3.1	전골 재료 준비하기
	1-2. 전골 육수 조리		
2. 전골 조리하기	2-1. 전골 조리	1301010124_16v3.2	전골 조리하기
3. 전골 담기	3-1. 전골 그릇 선택	1301010124_16v3.3	전골 담기

핵심 용어

전골, 양념장, 육수, 뚝배기, 벙거짓골, 쟁개비, 냄비, 조치보, 신선로

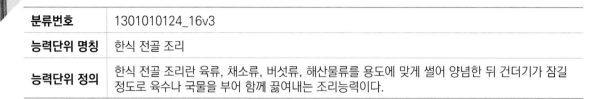

분류번호	1301010124_16v3
능력단위 명칭	한식 전골 조리
능력단위 정의	한식 전골 조리란 육류, 채소류, 버섯류, 해산물류를 용도에 맞게 썰어 양념한 뒤 건더기가 잠길 정도로 육수나 국물을 부어 함께 끓여내는 조리능력이다.

능력단위요소	수행준거
1301010124_16v3.1 전골 재료 준비하기	1.1 조리종류에 따라 도구와 재료를 준비할 수 있다. 1.2 조리에 사용하는 재료를 필요량에 맞게 계량할 수 있다. 1.3 재료에 따라 요구되는 전처리를 수행할 수 있다. 1.4 찬물에 육수 재료를 넣고 부유물을 제거하며 육수를 끓일 수 있다. 1.5 사용시점에 맞춰 냉, 온으로 보관할 수 있다.
	【지식】 • 국물·육수종류　　　　• 양념과 부재료의 성분과 특성 • 재료 선별법　　　　　• 재료의 전처리 • 재료특성의 조리원리　• 조리도구 종류와 용도 • 전골의 종류와 특성　　• 육수 만드는 방법 • 육수의 관능평가　　　• 육수의 종류 • 조리기구 사용법 • 조미료, 향신료의 종류와 특성 • 끓이는 시간과 불의 세기
	【기술】 • 국물, 육수, 종류에 따른 주재료 선별 능력 • 재료 신선도 선별능력 • 재료 전처리 능력 • 저장, 보관능력 • 부유물과 기름을 제거하여 육수 끓이는 능력 • 끓이는 시간과 불의 세기 조절능력 • 육수를 냉각하여 보관하는 능력 • 육수의 상태 판별능력 • 뼈, 육류, 어패류로 육수 끓이는 기술
	【태도】 • 바른 작업 태도 • 반복훈련태도 • 안전사항 준수태도 • 위생관리태도 • 재료점검태도 • 끓이는 과정 육수 상태 관찰태도

1301010124_16v3.2 전골 조리하기	2.1 채소류 중 단단한 재료는 데치거나 삶아서 사용할 수 있다. 2.2 조리법에 따라 재료는 전을 부치거나 양념하여 밑간할 수 있다. 2.3 전처리한 재료를 그릇에 가지런히 담을 수 있다. 2.4 전골 양념장과 육수는 필요량에 따라 조절할 수 있다.
	【지식】 • 양념 활용법 • 재료 활용법 • 재료종류와 특성 • 찌개의 종류 및 특성 • 조리과정 중의 물리화학적 변화에 관한 조리과학적 지식
	【기술】 • 재료의 종류와 특성에 맞게 조리능력 • 전골 조리 특성에 맞는 국물의 양 조절능력 • 화력 조절능력
	【태도】 • 바른 작업 태도 • 조리과정을 관찰하는 태도 • 실험조리를 수행하는 과학적 태도 • 안전관리태도 • 위생관리태도 • 준비재료 점검태도
1301010124_16v3.3 전골 담기	3.1 조리종류와 색, 형태, 인원수, 분량 등을 고려하여 그릇을 선택할 수 있다. 3.2 조리 특성에 맞게 건더기와 국물의 양을 조절할 수 있다. 3.3 온도를 뜨겁게 유지하여 제공할 수 있다.
	【지식】 • 고명의 종류 • 재료를 조화롭게 담는 방법 • 전골 그릇 선택
	【기술】 • 국물의 양 조절 능력 • 그릇을 고려하여 담는 능력 • 전골 조리 특성에 맞는 온도조절 능력 • 조리종류에 맞는 그릇 선택능력
	【태도】 • 관찰태도 • 바른 작업 태도 • 안전관리태도 • 위생관리태도 • 반복훈련태도

적용범위 및 작업상황

고려사항

- 전골 조리 능력단위는 다음 범위가 포함된다.
  - 전골류 : 두부전골, 소고기전골, 버섯전골, 도미면, 낙지전골, 신선로, 해물신선로 등
- 전골 조리의 전처리란 맑은 육수를 만들기 위해 사전에 육류를 물에 담가 핏물을 제거하고, 뼈는 핏물을 제거하고 끓는 물에 데쳐내는 과정과 채소류를 깨끗하게 다듬고 씻는 것을 말한다.
- 육수는 소고기를 주로 사용하고 닭고기, 어패류, 버섯류, 채소류, 다시마 등을 사용하며 끓일 때 향신채(파, 마늘, 생강, 통후추)와 함께 끓인다.
- 조개류로 육수를 만들 때는 소금물에 해감을 제거한 후 약불로 단시간에 끓여낸다.
- 멸치로 육수를 낼 때는 내장을 제거하고 15분 정도 끓인다.
- 전골을 그릇에 담을 때는 건더기를 국물보다 많이 담는다.
- 전골 종류에 따라 상 위에서 끓이도록 그릇에 담아 그대로 제공하거나 끓여서 제공한다.

자료 및 관련 서류

- 한식조리 전문서적
- 조리원리 전문서적, 관련 자료
- 식품재료 관련 전문서적
- 식품재료의 원가, 구매, 저장 관련서적
- 안전관리수칙 서적
- 매뉴얼에 의한 조리과정, 조리결과 체크리스트
- 식자재 구매 명세서

- 조리도구 관련서적
- 식품영양 관련서적
- 식품가공 관련서적
- 식품위생법규 전문서적
- 원산지 확인서
- 조리도구 관리 체크리스트

장비 및 도구

- 조리용 칼, 도마, 전골냄비, 프라이팬, 그릇, 계량저울, 계량스푼, 조리용 젓가락, 온도계, 체, 조리용 집게, 국자, 채반, 소창(면보), 타이머 등
- 가스레인지, 전기레인지 또는 가열도구
- 조리복, 조리모, 앞치마, 조리안전화, 행주, 분리수거용 봉투 등

재료

- 채소류(미나리, 배추, 무, 당근, 쑥갓, 대파, 실파, 콩나물, 고추, 양파, 마늘, 생강 등)
- 버섯류 등
- 육류와 육류의 뼈 등
- 가금류와 가금류의 뼈 등
- 해산물류와 건어물 등
- 장류, 고춧가루 등

평가지침

평가방법

- 평가자는 능력단위 한식 전골 조리의 수행준거에 제시되어 있는 내용을 평가하기 위해 이론과 실기를 나누어 평가하거나 종합적인 결과물의 평가 등 다양한 평가 방법을 사용할 수 있다.
- 피평가자의 과정평가 및 결과평가 방법

평가방법	평가유형	
	과정평가	결과평가
A. 포트폴리오	V	V
B. 문제해결 시나리오		
C. 서술형시험	V	V
D. 논술형시험		
E. 사례연구		
F. 평가자 질문	V	V
G. 평가자 체크리스트	V	V
H. 피평가자 체크리스트		
I. 일지/저널		
J. 역할연기		
K. 구두발표		
L. 작업장평가	V	V
M. 기타		

평가 시 고려사항

• 수행준거에 제시되어 있는 내용을 성공적으로 수행할 수 있는지를 평가해야 한다.

• 평가자는 다음 사항을 평가해야 한다.

  – 조리복, 조리모 착용 및 개인 위생 준수능력

  – 위생적인 조리과정

  – 재료준비 과정

  – 조리순서 과정

  – 화력조절 능력

  – 국물을 조리종류에 맞게 우려내는 능력

  – 양념장의 활용능력

  – 조리과정 시 위생적인 처리

  – 조리의 숙련도

  – 전골 조리의 완성도

  – 조리도구의 사용 전, 후 세척

  – 조리 후 정리정돈 능력

직업기초능력

순번	직업기초능력	
	주요영역	하위영역
1	의사소통능력	경청 능력, 기초외국어 능력, 문서이해 능력, 문서작성 능력, 의사표현 능력
2	문제해결능력	문제처리 능력, 사고력
3	자기개발능력	경력개발 능력, 자기관리 능력, 자아인식 능력
4	정보능력	정보처리 능력, 컴퓨터활용 능력
5	기술능력	기술선택 능력, 기술이해 능력, 기술적용 능력
6	직업윤리	공동체윤리, 근로윤리

개발·개선 이력

구분		내용
직무명칭(능력단위명)		한식조리(한식 전골 조리)
분류번호	기존	1301010105_14v2
	현재	1301010123_16v3,1301010124_16v3
개발·개선연도	현재	2016
	최초(1차)	2014
버전번호		v3
개발·개선기관	현재	(사)한국조리기능장협회
	최초(1차)	
향후 보완 연도(예정)		–

한식조리 전골

이론
&
실기

한식조리
전골 이론

◆ 전골

전골의 유래

전골이란 육류와 채소에 밑간하여 그릇에 담아 준비하여 상 옆 화로 위의 전골틀에 올려놓고 즉석에서 만들어 먹는 음식이다.

장지연(張志淵)은 《만국사물기원역사(萬國事物紀原歷史)》에서 "전골(氈骨)은 상고시대에 진중에서는 기구가 없었으므로 진중 군사들이 머리에 쓰는 전립을 철로 만들어 썼기 때문에 자기가 쓴 철관을 벗어 음식을 끓여 먹었다. 이것이 습관이 되어 여염집에서도 냄비를 전립 모양으로 만들어 고기와 채소를 넣고 끓여 먹는 것을 전골이라 하여 왔다"고 그 유래를 설명하였다.

《어우야담(於于野譚)》에는 이사형(李士亨, 1517~1578)이 항상 철관을 쓰고 다니다가 고기나 생선을 얻으면 머리에 썼던 철관을 벗어 끓여 먹었다 하여 선생의 별호를 '철관자'라 하였다는 말도 있다.

《경도잡지》에는 "남비이름에 전립투(氈笠套)라는 것이 있다. 벙기지 모양에서 이런 이름이 생긴 것이다. 채소는 그 가운데 움푹하게 들어간 부분에 넣어서 데치고 변두리의 편편한 곳에서 고기를 굽는다. 술안주나 반찬에도 좋다"고 기록되었다.

《옹희잡지》에는 적육기(炙肉器)에 전립을 거꾸로 눕힌 것과 같은 모양의 것이 있다.

도라지, 무, 미나리, 파를 세절하여 복판의 우묵한 곳에 넣어둔 장수에 넣는다. 이것을 숯불 위에 두고 철판을 달군다. 고기는 종이처럼 얇게 썰고 유장에 찍어서 젓가락으로 집어서 네 귀퉁이의 평평한 곳에서 지진다. 그리하여 한 그릇으로 사람 3~4명이 먹는다. 이것이 전철(煎鐵) 또는 전립투(氈笠套)이고 그 제법은 일본에서 와서 지금은 널리 퍼져 있다.

《경도잡지》와 《옹희잡지》의 전골은 지금의 냄비전골과는 전골틀부터 다르다. 고기만을 전립꼴의 네 변 평면에서 굽고 복판의 우묵한 곳에는 장국을 붓는다. 오히려 일종의 구이에 속한다고 하겠다.

《송남잡식》에서는 "전골이란 옛 박락(煿烙)이다" 하였다. 철은 전립꼴 모양으로 만들어 고기를 굽기 때문에 이 이름이 생겼다는 것이다. 전골은 일종의 구이이다.

《시의전서》의 전골법은 "연한 안심을 얇게 골패쪽처럼 저미거나 채치기도 한다. 여기에 갖은 양념을 한 뒤 육회같이 재워 알합이나 화기에 담고 그 위에 잣가루를 뿌린다. 또 죽순, 낙지, 굴을 쓰기도 한다. 전골나물은 무, 콩나물, 숙주, 미나리, 대파, 고비, 표고, 느타리, 석이, 도라지 등을 쓴다. 무에는 연지물을 조금 들인다. 소반에 전골틀과 나물접시를 놓고, 탕기에 날 간장을 타서 담고, 접시에 달걀 2~3개를 담고, 기름은 종지에 놓고 풍로에 숯을 피워 전골틀이나 냄비에 지진다"고 하였으니 오늘날의 냄비전골찌개와 《경도잡지》, 《옹희잡지》의 구이전골이 혼합된 형인 것이다.

이와 같이 전골은 구이전골이었으나 후세에는 냄비전골찌개나 혼합형으로 변모했다는 것을 알 수 있다.

전골 종류

전골은 각색전골, 갖은전골, 고기전골, 굴전골, 낙지전골, 돈육전골, 생굴전골, 생선전골, 생치전골, 송이전골, 소고기전골, 조개전골, 콩팥전골, 토끼고기전골, 노루전골, 대합전골, 두부전골, 버섯전골, 채소전골, 면신선로, 신선로 등으로 들어가는 주재료에 따라 종류가 다양하다.

◈ 신선로

궁중에서는 맛좋은 탕이라는 뜻에서 열구자탕(悅口資湯)이라 하였다. 《소문사설(謏聞事說)》에서는 열구자탕(熱口子湯), 《송남잡지(松南雜識)》에서는 열구지(悅口旨), 《규합총서(閨閣叢書)》·《시의전서(是議全書)》·《해동죽지(海東竹枝)》·《동국세시기》 등에서는 그릇 이름 그대로 신선로라 하였다.

《조선요리학(朝鮮料理學)》에 기록된 신선로의 유래는 다음과 같다. "신선로는 조선시대 연산군 때 한림호당(翰林湖堂)을 지낸 정희량(鄭希良)이 사화(戊午士禍)를 겪은 다음 갑자년(甲子年)에 다시 사화가 있을 것을 예견하고 속세를 피하여 산중에 은둔하여 살 때, 수화기제(水火旣濟)의 이치로 화로를 만들어 거기에 채소를 끓여 먹었는데, 그의 기풍이 마치 신선과 같았다 하여 그릇을 신선로라 하였다" 한다.

신선로

투구모양전골냄비 앞 뒤

◆ 승기악탕

　승기악탕(勝妓樂湯)이라는 음식은 한자 뜻 그대로 풀이하면 '기생과 음악을 능가하는 탕'이라는 뜻이다. 사실 현재로서는 승기악탕이 어떠한 요리인지 알기 어렵다. 다만 문헌을 통해서만 추측할 수 있는데, 먼저 조선 후기의 잘 알려진 조리서인《규합총서》에 소개된 승기악탕은 "살찐 늙은 닭의 두 발을 잘라버리고 내장을 꺼내 버린 다음 그 속에 술 한 잔, 기름 한 잔, 좋은 초 한 잔을 쳐서 대꼬챙이에 꿰어 박 오가리, 표고버섯과 파, 돼지 기름기를 썰어 많이 넣고 수란을 써서 국을 만든다"고 쓰여 있다.

　그런데 조선시대의《진찬의궤》에 나오는 승기악탕의 재료를 보면 또 다르다. 숭어가 기본적으로 들어가고 거기에 또 소고기가 주재료로 들어가며 숭어, 물오리, 쇠안심고기와 머리뼈, 곤자손이, 전복, 해삼, 소의 양, 목이, 황화채, 녹두기름, 참기름, 표고, 밀가루, 달걀, 생파, 미나리, 무, 잣, 밤, 호두, 은행, 왜토장, 생강, 계핏가루, 생강가루, 호초가루, 고춧가루 등이 들어간다.

참고문헌

- 3대가 쓴 한국의 전통음식(황혜선 외, 교문사, 2010)

- 두산백과

- 우리가 정말 알아야 할 우리 음식 백가지 1(한복진 외, 현암사, 1998)

- 천년한식견문록(정혜경, 생각의나무, 2009)

- 한국민족문화대백과사전(한국학중앙연구원, 1991)

- 한국식품사연구(윤서석, 신광출판사, 1974)

- 한국요리문화사(이성우, 교문사, 1985)

- 한국의 음식문화(이효지, 신광출판사, 1998)

도미면

만드는 법

재료 확인하기
1 도미, 소금, 후춧가루, 소고기, 밀가루, 달걀, 석이버섯, 표고버섯, 붉은 고추, 미나리 등 확인하기

사용할 도구 선택하기
2 전골냄비, 냄비, 프라이팬, 나무젓가락 등을 선택하여 준비한다.

재료 계량하기
3 각각의 재료 분량을 컵과 계량스푼, 저울로 계량하기

재료 준비하기
4 도미는 지느러미를 제거하고 비늘을 긁고 내장을 제거하여 깨끗이 씻는다.
5 도미머리와 꼬리는 남긴 채로 5장 뜨기를 하여 4cm 정도로 포를 뜨고 소금, 후추로 간을 한다.
6 소고기는 핏물을 제거한 뒤 곱게 다진다.
7 석이버섯, 표고버섯, 목이버섯은 미지근한 물에 불린다.
8 석이버섯은 돌에 붙었던 안쪽의 이끼를 깨끗하게 긁어낸다. 소금으로 조물조물 주물러 물에 씻은 뒤 물기를 제거하고 곱게 다진다.
9 표고버섯은 포를 떠서 2.5cm×4cm 크기로 골패썰기를 한다.
10 목이버섯은 물에 불려 한 잎씩 떼어낸다.
11 붉은 고추는 반으로 갈라 씨를 제거한다. 2.5cm×4cm 크기로 골패썰기를 한다.
12 미나리는 잎을 제거하고 깨끗이 씻어 꼬치에 꿰어 네모지게 만든다.
13 당면은 물에 불린다.
14 호두는 따뜻한 물에 불려 속껍질을 벗긴다.
15 잣은 고깔을 떼고 면포에 닦는다.
16 소고기 양지는 찬물에 담근다.

조리하기
17 분량의 재료를 섞어 고기양념을 만든다.
18 다진 소고기는 고기양념을 하여 1.5cm 크기로 완자를 빚는다. 밀가루를 묻혀 달걀물을 입힌다. 달구어진 팬에 식용유를 두르고 굴리며 지져 익힌다.
19 꼬치에 꿴 미나리는 밀가루를 양면에 고루 묻히고 풀어 놓은 달걀에 담갔다가 팬에 누르면서 지진다. 2.5cm×4cm 크기의 골패형으로 썬다.
20 황백지단, 석이지단을 부쳐 2.5cm×4cm 크기의 골패형으로 썬다.
21 도미살은 물기를 제거하고 밀가루, 달걀물을 입혀 전을 지진다.
22 소고기 양지는 끓는 물에 데친다. 냄비에 끓는 물, 대파, 마늘, 통후추를 넣어 끓인다. 육수는 면포에 맑게 걸러 육수양념을 한다. 고기는 2.5cm×4cm 크기의 골패형으로 썬다.

담아 완성하기
23 도미전골 끓일 그릇을 선택한다.
24 전골냄비에 삶은 고기를 담고 그 위에 도미를 원래의 모양대로 담는다. 미나리 초대, 황백지단, 붉은 고추, 표고버섯, 석이지단을 색스럽게 돌려 담고, 목이버섯, 완자, 호두, 잣을 올리고 육수를 부어 끓인다. 한소끔 끓으면 당면을 넣어 끓인다.

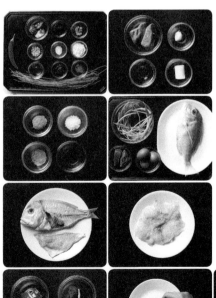

서술형 시험

학습내용	평가 항목	성취수준		
		상	중	하
전골 재료 준비 및 전처리	전골의 종류와 특징 이해 능력			
	전골 재료의 종류 및 준비 능력			
전골 육수 조리	수조육류의 특징 이해능력			
	버섯류의 특징 이해능력			
전골 조리	채소류 데치기 효과에 대한 이해능력			
	전골에 사용하는 대표적인 조미료 종류 이해능력			
전골 그릇 선택	전골 그릇 선택능력			
	전골 그릇의 특징 이해능력			

평가자 체크리스트

학습내용	평가 항목	성취수준		
		상	중	하
전골 재료 준비 및 전처리	전골 재료 계량 실행능력			
	전골 재료에 따라 요구되는 전처리 방법의 정확성 및 숙련도			
전골 육수 조리	육수 종류에 따른 도구와 재료 준비 방법의 적절성			
	끓이는 중 부유물과 기름이 떠오르면 건어내어 제거하는 방법의 적절성			
전골 조리	전골 양념장 만들기 능력			
전골 그릇 선택	전골 가열 기구 선택능력			
	전골 그릇에 내용물과 고명을 담는 능력			
	전골을 식탁에 올리는 방법			

작업장 평가

학습내용	평가 항목	성취수준		
		상	중	하
전골 재료 준비 및 전처리	전골 재료 계량방법의 숙련도			
	전골 재료 전처리 과정의 정확성			
	위생적인 조리과정			
전골 육수 조리	육수 종류에 따른 도구와 재료준비			
	찬물에 육수 재료를 넣고 서서히 끓이는 방법의 정확성			
전골 조리	전골 만들기 능력			
전골 그릇 선택	전골 가열 기구 선택의 적절성			
	전골 그릇에 내용물과 고명을 담은 완성도			
	전골을 상 위에 올려 접대하는 방법의 정확성 및 숙련도			

학습자 완성품 사진

신선로

재료

- 소고기 사태 또는 양지머리 150g
- 양 150g · 무 100g · 당근 50g
- 소고기 우둔살 100g · 다진 소고기 50g
- 두부 30g · 석이버섯 5장 · 달걀 4개
- 미나리 50g · 전용 흰살 생선 50g
- 천엽 50g · 마른 표고(大) 2장
- 붉은 고추 1/2개 · 호두 3개 · 은행 12개
- 잣 1작은술 · 소금 적당량
- 후춧가루 적당량 · 국간장 적당량
- 식용유 적당량 · 밀가루 적당량

고기양념

- 국간장 1큰술 · 다진 대파 2작은술
- 다진 마늘 1작은술 · 참기름 1작은술
- 후춧가루 1/8작은술

완자양념

- 소금 1/2작은술 · 다진 대파 1작은술
- 다진 마늘 1/2작은술 · 참기름 1/2작은술
- 후춧가루 1/8작은술

만드는 법

재료 확인하기

1 소고기 사태, 양, 무, 당근, 소 우둔살, 다진 소고기, 두부, 석이버섯, 달걀, 미나리, 전용 흰살 생선, 천엽, 표고버섯, 호두, 은행, 잣 등 확인하기

사용할 도구 선택하기

2 신선로, 냄비, 프라이팬, 나무젓가락 등을 선택하여 준비한다.

재료 계량하기

3 각각의 재료 분량을 컵과 계량스푼, 저울로 계량하기

재료 준비하기

4 소고기 사태는 찬물에 담근다.
5 양, 천엽은 밀가루로 조물조물 주물러 씻는다.
6 소고기 우둔살을 얇게 썬다.
7 다진 소고기 핏물을 제거한다.
8 두부는 물기를 제거하고 으깬다.
9 석이버섯, 표고버섯은 미지근한 물에 불린다.
10 석이버섯은 돌에 붙었던 안쪽의 이끼를 깨끗하게 긁어낸 뒤 소금으로 조물조물 주물러 물에 씻어서 물기를 제거하여 곱게 다진다.
11 표고버섯은 포를 뜨고 신선로 크기로 골패썰기를 한다.
12 미나리는 잎을 제거하고 깨끗이 씻어 꼬치에 꿰어 네모지게 만든다.
13 전용 흰살 생선은 소금, 후추로 간을 한다.
14 붉은 고추는 씨를 제거하고 신선로 크기에 맞게 썬다.
15 무, 당근은 껍질을 벗긴다. 신선로 크기에 맞게 썬다.
16 호두는 따뜻한 물에 불려 속껍질을 벗긴다.
17 잣은 고깔을 때고 면포에 닦는다.

조리하기

18 양, 천엽은 80~90℃ 물에 잠깐 넣었다가 건져낸 다음 검은 막을 칼로 긁어 깨끗이 손질한다.
19 냄비 두 곳에 물을 넉넉히 끓여 사태와 양을 각각 삶는다. 사태 끓이는 육수에 무를 넣어 익혀 건진다. 삶아 건진 소고기 사태는 납작하게 썬다. 소고기 우둔살과 고기양념으로 고루 무친다.
20 끓는 소금물에 당근을 데쳐 식힌다.
21 다진 소고기와 두부는 합하여 완자양념으로 고루 주물러 버무리고, 지름 1.2cm의 완자로 빚는다.
22 달걀 3개를 황백으로 나누어 소금간을 하여 잘 푼 뒤 체에 내린다. 흰자는 반으로 나누어 석이지단과 흰 지단을 부친다. 노른자로 황색지단을 부친다.
23 꼬치에 꿴 미나리는 밀가루를 양면에 고루 묻히고 풀어 놓은 달걀에 담갔다가 팬에 누르면서 지진다.
24 완자, 흰살 생선, 천엽은 밀가루, 달걀을 입혀 달구어진 팬에 식용유를 두르고 지진다.
25 은행은 뜨겁게 달궈진 팬에 식용유를 약간 두르고 소금으로 간을 하여 볶은 다음 바로 속껍질을 벗긴다.
26 준비한 지단, 미나리초대, 생선전, 천엽전은 신선로 틀의 폭을 길이로 하고 너비를 3cm 크기로 하여 골패 모양으로 썬다.
27 잘 삶아진 양은 신선로 크기에 맞추어 결 반대로 썬다.
28 육수에 국간장, 소금으로 간을 한다.

담아 완성하기

29 신선로를 준비하여 틀 바닥에 무, 고기 양념한 것을 고르게 깐다. 그 위에 골패 모양으로 썬 재료들을 신선로 크기에 맞추어 다시 손질하며 색 맞추어 고르게 돌려 담는다. 맨 위에 호두, 완자, 은행을 고명으로 얹는다.
30 육수를 데워서 붓는다. 가운데 화통에 숯을 피워 끓는 상태로 상에 낸다.

학습 평가

| 서술형 시험

학습내용	평가 항목	성취수준		
		상	중	하
전골 재료 준비 및 전처리	전골의 종류와 특징 이해 능력			
	전골 재료의 종류 및 준비 능력			
전골 육수 조리	수조육류의 특징 이해능력			
	버섯류의 특징 이해능력			
전골 조리	채소류 데치기 효과에 대한 이해능력			
	전골에 사용하는 대표적인 조미료 종류 이해능력			
전골 그릇 선택	전골 그릇 선택능력			
	전골 그릇의 특징 이해능력			

| 평가자 체크리스트

학습내용	평가 항목	성취수준		
		상	중	하
전골 재료 준비 및 전처리	전골 재료 계량 실행능력			
	전골 재료에 따라 요구되는 전처리 방법의 정확성 및 숙련도			
전골 육수 조리	육수 종류에 따른 도구와 재료 준비 방법의 적절성			
	끓이는 중 부유물과 기름이 떠오르면 건어내어 제거하는 방법의 적절성			
전골 조리	전골 양념장 만들기 능력			
전골 그릇 선택	전골 가열 기구 선택능력			
	전골 그릇에 내용물과 고명을 담는 능력			
	전골을 식탁에 올리는 방법			

작업장 평가

학습내용	평가 항목	성취수준		
		상	중	하
전골 재료 준비 및 전처리	전골 재료 계량방법의 숙련도			
	전골 재료 전처리 과정의 정확성			
	위생적인 조리과정			
전골 육수 조리	육수 종류에 따른 도구와 재료준비			
	찬물에 육수 재료를 넣고 서서히 끓이는 방법의 정확성			
전골 조리	전골 만들기 능력			
전골 그릇 선택	전골 가열 기구 선택의 적절성			
	전골 그릇에 내용물과 고명을 담은 완성도			
	전골을 상 위에 올려 접대하는 방법의 정확성 및 숙련도			

학습자 완성품 사진

면신선로

재료

- 소고기 우둔 50g
- 패주(중) 2개 · 중하 4마리
- 불린 해삼 50g · 죽순 50g
- 실파 30g · 쑥갓 30g
- 달걀 2개 · 미나리 50g
- 붉은 고추 1/2개
- 소면 300g
- 식용유 적당량 · 밀가루 적당량

육수

- 소고기 사태 150g
- 물 8컵
- 대파 50g
- 마늘 2쪽
- 국간장 적량
- 소금 적량

고기양념

- 소금 1/2큰술
- 다진 대파 1큰술
- 다진 마늘 1/2큰술
- 참기름 1작은술
- 후춧가루 1/8작은술

만드는 법

재료 확인하기
1 소고기 우둔, 패주, 중하, 불린 해삼, 죽순, 실파, 쑥갓, 달걀, 미나리, 붉은 고추, 소면 등 확인하기

사용할 도구 선택하기
2 신선로, 냄비, 프라이팬, 나무젓가락 등을 선택하여 준비한다.

재료 계량하기
3 각각의 재료 분량을 컵과 계량스푼, 저울로 계량하기

재료 준비하기
4 사태는 덩어리째 찬물에 담근다.
5 소고기 우둔살을 얇게 썬다.
6 패주는 가장자리 막을 제거하고 씻어서 결 반대로 얇게 저며 썬다.
7 새우는 껍질째 씻어서 내장을 제거하고 껍질을 벗긴다. 등쪽에 칼집을 넣어 펼치고 칼집을 넣는다.
8 불린 해삼은 납작하게 저며 썬다.
9 죽순은 반을 갈라 빗살모양으로 얇게 썬다.
10 실파는 다듬어서 4cm 길이로 썬다.
11 쑥갓은 손질하여 씻은 뒤 4cm 길이로 썬다.
12 미나리는 잎을 제거하고 깨끗이 씻어 꼬치에 위아래를 번갈아 꿰어 네모지게 한 장을 만든다.
13 붉은 고추는 반을 갈라 씨를 제거하고 신선로 크기에 맞게 썬다.

조리하기
14 냄비에 사태와 대파, 마늘을 함께 넣어 끓인다. 고기가 익으면 건져 납작하게 저며 썬다. 소 우둔살과 고기양념으로 버무린다. 육수는 면포에 걸러 국간장, 소금으로 간을 한다.
15 달걀은 황백지단을 부쳐 신선로 크기에 맞게 썬다.
16 꼬치에 꿴 미나리는 밀가루를 양면에 고루 묻히고 풀어 놓은 달걀에 담갔다가 팬에 누르면서 지진다. 신선로 크기에 맞게 썬다.
17 죽순은 끓는 소금물에 데친다.
18 소면은 물을 넉넉히 하여 삶는다.

담아 완성하기
19 신선로를 준비하여 소고기 양념한 것을 고르게 깐다. 그 위에 골패 모양으로 썬 재료들을 신선로 크기에 맞추어 다시 손질하며 색 맞추어 고르게 돌려 담는다.
20 육수를 데워서 붓는다. 가운데 화통에 숯을 피워 끓는 상태로 상에 낸다. 삶은 소면을 곁들인다.

학습 평가

│ 서술형 시험

학습내용	평가 항목	성취수준		
		상	중	하
전골 재료 준비 및 전처리	전골의 종류와 특징 이해 능력			
	전골 재료의 종류 및 준비 능력			
전골 육수 조리	수조육류의 특징 이해능력			
	버섯류의 특징 이해능력			
전골 조리	채소류 데치기 효과에 대한 이해능력			
	전골에 사용하는 대표적인 조미료 종류 이해능력			
전골 그릇 선택	전골 그릇 선택능력			
	전골 그릇의 특징 이해능력			

│ 평가자 체크리스트

학습내용	평가 항목	성취수준		
		상	중	하
전골 재료 준비 및 전처리	전골 재료 계량 실행능력			
	전골 재료에 따라 요구되는 전처리 방법의 정확성 및 숙련도			
전골 육수 조리	육수 종류에 따른 도구와 재료 준비 방법의 적절성			
	끓이는 중 부유물과 기름이 떠오르면 걷어내어 제거하는 방법의 적절성			
전골 조리	전골 양념장 만들기 능력			
전골 그릇 선택	전골 가열 기구 선택능력			
	전골 그릇에 내용물과 고명을 담는 능력			
	전골을 식탁에 올리는 방법			

작업장 평가

학습내용	평가 항목	성취수준		
		상	중	하
전골 재료 준비 및 전처리	전골 재료 계량방법의 숙련도			
	전골 재료 전처리 과정의 정확성			
	위생적인 조리과정			
전골 육수 조리	육수 종류에 따른 도구와 재료준비			
	찬물에 육수 재료를 넣고 서서히 끓이는 방법의 정확성			
전골 조리	전골 만들기 능력			
전골 그릇 선택	전골 가열 기구 선택의 적절성			
	전골 그릇에 내용물과 고명을 담은 완성도			
	전골을 상 위에 올려 접대하는 방법의 정확성 및 숙련도			

학습자 완성품 사진

낙지전골

재료

- 낙지 2~3마리(350g)
- 굵은소금 2큰술
- 소고기 100g · 양파 100g
- 붉은 고추 1개 · 실파 20g
- 쑥갓 50g · 식용유 2큰술

고기양념

- 간장 1큰술 · 설탕 1/2큰술
- 다진 대파 2큰술
- 다진 마늘 1작은술
- 참기름 1작은술
- 깨소금 1/2작은술
- 후춧가루 1/8작은술

양념장

- 고추장 1큰술 · 고춧가루 2큰술
- 간장 1큰술
- 설탕 1큰술
- 다진 대파 1큰술
- 다진 마늘 1/2큰술
- 생강즙 1/2작은술
- 참깨 1/3작은술
- 참기름 1/2작은술

만드는 법

재료 확인하기

1 낙지, 굵은소금, 소고기, 양파, 붉은 고추, 실파, 쑥갓 등 확인하기

사용할 도구 선택하기

2 전골냄비, 냄비, 프라이팬, 나무젓가락 등을 선택하여 준비한다.

재료 계량하기

3 각각의 재료 분량을 컵과 계량스푼, 저울로 계량하기

재료 준비하기

4 낙지는 굵은소금으로 주물러 씻고 4cm 길이로 썬다.
5 소고기는 2cm×2cm 크기로 썬다.
6 양파는 굵게 채를 썬다.
7 붉은 고추는 어슷썰기하여 씨를 제거한다.
8 실파는 다듬어서 4cm 길이로 썬다.
9 쑥갓은 줄기를 떼어내고 잎을 다듬는다.

조리하기

10 분량의 재료를 섞어 고기양념을 만든다.
11 분량의 재료를 섞어 양념장을 만든다.
12 썬 소고기는 고기양념으로 양념한다. 냄비에 식용유를 둘러 고기를 볶고, 물 3컵을 넣어 끓인다.
13 낙지는 양념장으로 버무린다.

담아 완성하기

14 전골냄비에 준비한 재료를 색스럽게 돌려 담는다.
15 육수를 부어 끓인다.

학습 평가

| 서술형 시험

학습내용	평가 항목	성취수준		
		상	중	하
전골 재료 준비 및 전처리	전골의 종류와 특징 이해 능력			
	전골 재료의 종류 및 준비 능력			
전골 육수 조리	수조육류의 특징 이해능력			
	버섯류의 특징 이해능력			
전골 조리	채소류 데치기 효과에 대한 이해능력			
	전골에 사용하는 대표적인 조미료 종류 이해능력			
전골 그릇 선택	전골 그릇 선택능력			
	전골 그릇의 특징 이해능력			

| 평가자 체크리스트

학습내용	평가 항목	성취수준		
		상	중	하
전골 재료 준비 및 전처리	전골 재료 계량 실행능력			
	전골 재료에 따라 요구되는 전처리 방법의 정확성 및 숙련도			
전골 육수 조리	육수 종류에 따른 도구와 재료 준비 방법의 적절성			
	끓이는 중 부유물과 기름이 떠오르면 걷어내어 제거하는 방법의 적절성			
전골 조리	전골 양념장 만들기 능력			
전골 그릇 선택	전골 가열 기구 선택능력			
	전골 그릇에 내용물과 고명을 담는 능력			
	전골을 식탁에 올리는 방법			

작업장 평가

학습내용	평가 항목	성취수준		
		상	중	하
전골 재료 준비 및 전처리	전골 재료 계량방법의 숙련도			
	전골 재료 전처리 과정의 정확성			
	위생적인 조리과정			
전골 육수 조리	육수 종류에 따른 도구와 재료준비			
	찬물에 육수 재료를 넣고 서서히 끓이는 방법의 정확성			
전골 조리	전골 만들기 능력			
전골 그릇 선택	전골 가열 기구 선택의 적절성			
	전골 그릇에 내용물과 고명을 담은 완성도			
	전골을 상 위에 올려 접대하는 방법의 정확성 및 숙련도			

학습자 완성품 사진

두부전골

- 두부 200g
- 소고기(살코기) 30g
- 소고기(사태부위) 20g
- 무(길이로 5cm 이상) 60g
- 당근(길이로 5cm 이상) 60g
- 실파 40g(2부리)
- 숙주(생것) 50g
- 건표고버섯(불린 것) 2개
- 달걀 2개
- 마늘(중, 깐 것) 3쪽
- 대파(흰 부분, 4cm) 1토막
- 진간장 20ml
- 소금 5g
- 참기름 5ml
- 식용유 20ml
- 밀가루(중력분) 20g
- 녹말가루(감자전분) 20g
- 검은후춧가루 2g
- 깨소금 5g
- 키친타월(종이, 주방용 소, 18×20cm) 1장

재료 확인하기
1 두부, 소고기 우둔, 소고기 사태, 무, 당근, 실파, 숙주, 표고버섯, 달걀, 마늘, 대파 등 확인하기

사용할 도구 선택하기
2 전골냄비, 냄비, 프라이팬, 나무젓가락 등을 선택하여 준비한다.

재료 계량하기
3 각각의 재료 분량을 컵과 계량스푼, 저울로 계량하기

재료 준비하기
4 대파, 마늘은 곱게 다진다.
5 두부는 3cm×4cm×0.8cm 크기로 7개를 썰어 소금, 후추를 뿌려 간을 한다. 남은 두부는 물기를 제거하고 곱게 으깬다.
6 소고기 우둔은 핏물을 제거하고 곱게 다진다.
7 소고기 사태는 찬물에 담근다.
8 무와 당근은 껍질을 벗기고, 5cm×1.2cm×0.5cm 크기로 썬다.
9 실파는 5cm 길이로 썬다.
10 숙주는 머리와 꼬리를 다듬어 씻는다.
11 불린 표고버섯은 채를 썬다.

조리하기
12 냄비에 소고기 사태, 대파, 마늘을 넣어 육수를 끓인다. 잘 익은 사태는 건져서 편으로 썬다. 육수는 면포에 거르고 간장, 소금으로 간을 한다.
13 두부는 물기를 제거하고 녹말가루를 고루 묻혀 팬에 지진다.
14 끓는 소금물에 숙주, 무, 당근을 데친다.
15 데친 숙주는 참기름, 깨소금, 소금, 다진 마늘을 넣어 양념을 한다.
16 간장, 참기름, 깨소금, 다진 대파, 다진 마늘, 후춧가루를 섞어 고기양념을 만든다. 삶아 썬 사태와 표고버섯은 각각 고기양념으로 버무린다.
17 달걀은 황백으로 부치고 5cm×1.2cm 크기로 썬다.
18 다진 소고기는 으깬 두부와 합하여 소금, 다진 대파, 다진 마늘, 참기름, 깨소금, 후춧가루로 버무려 지름 1.5cm 크기로 5개의 완자를 만든다. 밀가루, 달걀을 입혀 달구어진 팬에 식용유를 두르고 지진다.

담아 완성하기
19 전골냄비에 준비한 재료를 색 맞추어 돌려 담고 가운데 두부를 돌려 담는다. 완자를 중앙에 얹는다.
20 육수를 부어 끓인다.

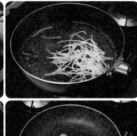

학습 평가

▎서술형 시험

학습내용	평가 항목	성취수준		
		상	중	하
전골 재료 준비 및 전처리	전골의 종류와 특징 이해 능력			
	전골 재료의 종류 및 준비 능력			
전골 육수 조리	수조육류의 특징 이해능력			
	버섯류의 특징 이해능력			
전골 조리	채소류 데치기 효과에 대한 이해능력			
	전골에 사용하는 대표적인 조미료 종류 이해능력			
전골 그릇 선택	전골 그릇 선택능력			
	전골 그릇의 특징 이해능력			

▎평가자 체크리스트

학습내용	평가 항목	성취수준		
		상	중	하
전골 재료 준비 및 전처리	전골 재료 계량 실행능력			
	전골 재료에 따라 요구되는 전처리 방법의 정확성 및 숙련도			
전골 육수 조리	육수 종류에 따른 도구와 재료 준비 방법의 적절성			
	끓이는 중 부유물과 기름이 떠오르면 걷어내어 제거하는 방법의 적절성			
전골 조리	전골 양념장 만들기 능력			
전골 그릇 선택	전골 가열 기구 선택능력			
	전골 그릇에 내용물과 고명을 담는 능력			
	전골을 식탁에 올리는 방법			

작업장 평가

학습내용	평가 항목	성취수준		
		상	중	하
전골 재료 준비 및 전처리	전골 재료 계량방법의 숙련도			
	전골 재료 전처리 과정의 정확성			
	위생적인 조리과정			
전골 육수 조리	육수 종류에 따른 도구와 재료준비			
	찬물에 육수 재료를 넣고 서서히 끓이는 방법의 정확성			
전골 조리	전골 만들기 능력			
전골 그릇 선택	전골 가열 기구 선택의 적절성			
	전골 그릇에 내용물과 고명을 담은 완성도			
	전골을 상 위에 올려 접대하는 방법의 정확성 및 숙련도			

학습자 완성품 사진

소고기전골

재료

- 소고기(살코기) 70g
- 소고기(사태부위) 30g
- 건표고버섯(불린 것) 3장
- 숙주(생것) 50g
- 무(길이 5cm 정도) 60g
- 당근(길이 5cm 정도) 40g
- 양파(중, 150g) 1/4개
- 실파 40g(2부리)
- 달걀 1개
- 잣 10알
- 대파(흰 부분, 4cm 정도) 1토막
- 마늘 2쪽
- 진간장 10ml
- 백설탕 5g
- 깨소금 5g
- 참기름 5ml
- 소금 10g
- 검은후춧가루 1g

만드는 법

재료 확인하기
1 소고기 우둔, 소고기 사태, 표고버섯, 숙주, 무, 당근, 양파, 실파, 달걀, 잣 등 확인하기

사용할 도구 선택하기
2 전골냄비, 냄비, 프라이팬, 나무젓가락 등을 선택하여 준비한다.

재료 계량하기
3 각각의 재료 분량을 컵과 계량스푼, 저울로 계량하기

재료 준비하기
4 대파, 마늘은 곱게 다진다.
5 소고기 사태를 찬물에 담근다.
6 소고기 우둔은 0.5cm×0.5cm×5cm 크기로 썬다.
7 불린 표고버섯은 곱게 채를 썬다.
8 숙주는 거두절미한다.
9 무, 당근은 껍질을 벗기고 0.5cm×0.5cm×5cm 크기로 썬다.
10 양파는 0.5cm 폭으로 채를 썬다.
11 실파는 5cm 길이로 썬다.
12 잣은 고깔을 떼고, 면포로 닦는다.

조리하기
13 냄비에 사태, 대파, 마늘을 넣어 끓인다. 사태는 무르게 익으면 건져 편으로 썰고, 육수는 면포에 걸러 간장, 소금으로 간을 한다.
14 간장, 다진 대파, 다진 마늘, 참기름, 깨소금, 후춧가루를 섞어 고기양념을 만든다.
15 채 썬 소고기, 표고버섯을 고기양념으로 버무린다.
16 끓는 소금물에 숙주, 무, 당근을 데친다.
17 데친 숙주는 참기름, 깨소금, 소금, 다진 마늘을 넣어 양념을 한다.

담아 완성하기
18 전골냄비에 준비한 재료를 색스럽게 돌려 담는다.
19 육수를 부어 끓인다. 달걀을 올려 반숙이 되게 끓여 잣을 얹는다.

▍서술형 시험

학습내용	평가 항목	성취수준		
		상	중	하
전골 재료 준비 및 전처리	전골의 종류와 특징 이해 능력			
	전골 재료의 종류 및 준비 능력			
전골 육수 조리	수조육류의 특징 이해능력			
	버섯류의 특징 이해능력			
전골 조리	채소류 데치기 효과에 대한 이해능력			
	전골에 사용하는 대표적인 조미료 종류 이해능력			
전골 그릇 선택	전골 그릇 선택능력			
	전골 그릇의 특징 이해능력			

▍평가자 체크리스트

학습내용	평가 항목	성취수준		
		상	중	하
전골 재료 준비 및 전처리	전골 재료 계량 실행능력			
	전골 재료에 따라 요구되는 전처리 방법의 정확성 및 숙련도			
전골 육수 조리	육수 종류에 따른 도구와 재료 준비 방법의 적절성			
	끓이는 중 부유물과 기름이 떠오르면 걷어내어 제거하는 방법의 적절성			
전골 조리	전골 양념장 만들기 능력			
전골 그릇 선택	전골 가열 기구 선택능력			
	전골 그릇에 내용물과 고명을 담는 능력			
	전골을 식탁에 올리는 방법			

작업장 평가

학습내용	평가 항목	성취수준		
		상	중	하
전골 재료 준비 및 전처리	전골 재료 계량방법의 숙련도			
	전골 재료 전처리 과정의 정확성			
	위생적인 조리과정			
전골 육수 조리	육수 종류에 따른 도구와 재료준비			
	찬물에 육수 재료를 넣고 서서히 끓이는 방법의 정확성			
전골 조리	전골 만들기 능력			
전골 그릇 선택	전골 가열 기구 선택의 적절성			
	전골 그릇에 내용물과 고명을 담은 완성도			
	전골을 상 위에 올려 접대하는 방법의 정확성 및 숙련도			

학습자 완성품 사진

버섯들깨전골

재료

- 느타리버섯 100g · 새송이버섯, 1개
- 불린 표고버섯 3개
- 만가닥버섯 100g · 팽이버섯 80g
- 소고기 100g · 양지머리 100g
- 두부 130g · 대파 100g
- 청양고추 2개 · 붉은 고추 1개
- 들깨 50g · 소금 2작은술
- 국간장 2작은술

고기 양념

- 간장 1큰술
- 설탕 1큰술
- 다진 마늘 1작은술
- 다진 대파 2작은술
- 참기름 2작은술
- 후춧가루 1/6작은술

만드는 법

재료 확인하기

1 느타리버섯, 새송이버섯, 표고버섯, 만가닥버섯, 소고기, 두부, 대파, 청양고추, 붉은 고추, 들깨, 소금, 국간장 등을 확인하기

사용할 도구 선택하기

2 냄비, 도마, 칼, 나무젓가락 등 준비하기

재료 계량하기

3 각각의 재료분량을 컵과 저울 등으로 계량하기

재료 준비하기

4 느타리버섯, 만가닥버섯은 밑동을 자르고 길이로 찢어 둔다.
5 새송이 버섯은 0.5cm×6cm 채를 썬다.
6 표고버섯은 편을 떠서 채를 썬다.
7 소고기는 채를 썬다. 고기 양념으로 버무린다.
8 양지머리는 찬물에 담가 핏물을 제거한다.
9 두부는 1cm×5cm 크기로 채를 썬다.
10 대파는 손질하여 반으로 가르고 5cm 길이로 썬다.
11 청양고추, 붉은 고추는 어슷썰기를 한다.
12 들깨는 씻어 일어 놓는다.

조리하기

13 냄비에 물을 끓여 양지머리를 데쳐 물을 넣고 육수를 끓인다. 30분 정도 끓여 육수가 완성되면 국물을 거르고 고기는 식혀서 넙적넙적하게 썬다.
14 육수 1컵에 들깨를 넣어 블렌더에 곱게 간다.
15 전골냄비에 준비된 재료를 보기 좋게 담고 육수를 넣어 끓인다. 소금과 국간장으로 간을 한다. 재료가 무르게 익으면 들깨 간 것을 넣어 한소끔 더 끓이고 불을 끈다.

학습
평가

서술형 시험

학습내용	평가 항목	성취수준		
		상	중	하
전골 재료 준비 및 전처리	전골의 종류와 특징 이해 능력			
	전골 재료의 종류 및 준비 능력			
전골 육수 조리	수조육류의 특징 이해능력			
	버섯류의 특징 이해능력			
전골 조리	채소류 데치기 효과에 대한 이해능력			
	전골에 사용하는 대표적인 조미료 종류 이해능력			
전골 그릇 선택	전골 그릇 선택능력			
	전골 그릇의 특징 이해능력			

평가자 체크리스트

학습내용	평가 항목	성취수준		
		상	중	하
전골 재료 준비 및 전처리	전골 재료 계량 실행능력			
	전골 재료에 따라 요구되는 전처리 방법의 정확성 및 숙련도			
전골 육수 조리	육수 종류에 따른 도구와 재료 준비 방법의 적절성			
	끓이는 중 부유물과 기름이 떠오르면 걷어내어 제거하는 방법의 적절성			
전골 조리	전골 양념장 만들기 능력			
전골 그릇 선택	전골 가열 기구 선택능력			
	전골 그릇에 내용물과 고명을 담는 능력			
	전골을 식탁에 올리는 방법			

작업장 평가

학습내용	평가 항목	성취수준		
		상	중	하
전골 재료 준비 및 전처리	전골 재료 계량방법의 숙련도			
	전골 재료 전처리 과정의 정확성			
	위생적인 조리과정			
전골 육수 조리	육수 종류에 따른 도구와 재료준비			
	찬물에 육수 재료를 넣고 서서히 끓이는 방법의 정확성			
전골 조리	전골 만들기 능력			
전골 그릇 선택	전골 가열 기구 선택의 적절성			
	전골 그릇에 내용물과 고명을 담은 완성도			
	전골을 상 위에 올려 접대하는 방법의 정확성 및 숙련도			

학습자 완성품 사진

곱창전골

재료

- 곱창 600g
- 양 300g
- 소고기 200g
- 무 200g
- 양파 1/2개
- 애느타리버섯 50g
- 불린 표고버섯 2개
- 대파 100g
- 생면 100g
- 소금 2큰술
- 밀가루 3큰술

양념
- 간장 1큰술
- 고춧가루 3큰술
- 고추장 2큰술
- 다진 마늘 2큰술
- 생강즙 1작은술
- 설탕 1작은술
- 청주 2큰술
- 참기름 1작은술
- 후춧가루 1/6작은술

만드는 법

재료 확인하기
1 곱창, 양, 소고기, 무, 양파, 애느타리버섯, 표고버섯, 대파, 생면, 소금, 밀가루, 간장, 고춧가루, 고추장, 마늘, 생강즙, 설탕 등을 확인하기

사용할 도구 선택하기
2 전골냄비, 도마, 칼, 나무젓가락 등 준비하기

재료 계량하기
3 각각의 재료분량을 컵과 저울 등으로 계량하기

재료 준비하기
4 곱창은 기름기를 제거하고 소금과 밀가루를 넣어 자박자박 주물러 씻는다.
5 양은 따뜻한 물에 담갔다가 긁어서 하얗게 준비한다.
6 소고기는 찬물에 담가 핏물을 제거한다.
7 무는 나박썰기를 한다.
8 양파는 1cm 두께로 채를 썬다.
9 애느타리버섯은 길이로 찢고, 표고버섯은 채를 썬다.
10 대파는 반을 갈라 5cm 길이로 썬다.

양념장 만들기
11 분량의 재료를 섞어 양념장을 만든다.

조리하기
12 냄비에 물이 끓으면 곱창, 양, 소고기를 넣어 푹 끓인다. 곱창, 양, 소고기를 건져 먹기 좋게 썰고 육수는 거른다.
13 곱창, 양, 소고기를 양념으로 버무려 재워둔다.
14 전골냄비에 준비된 재료를 보기 좋게 둘러 담고 육수를 붓는다. 식탁 위에 올려 센 불에서 끓이고 끓기 시작하면 불을 줄인다. 면은 먹기 직전에 삶아 곁들인다.

서술형 시험

학습내용	평가 항목	성취수준		
		상	중	하
전골 재료 준비 및 전처리	전골의 종류와 특징 이해 능력			
	전골 재료의 종류 및 준비 능력			
전골 육수 조리	수조육류의 특징 이해능력			
	버섯류의 특징 이해능력			
전골 조리	채소류 데치기 효과에 대한 이해능력			
	전골에 사용하는 대표적인 조미료 종류 이해능력			
전골 그릇 선택	전골 그릇 선택능력			
	전골 그릇의 특징 이해능력			

평가자 체크리스트

학습내용	평가 항목	성취수준		
		상	중	하
전골 재료 준비 및 전처리	전골 재료 계량 실행능력			
	전골 재료에 따라 요구되는 전처리 방법의 정확성 및 숙련도			
전골 육수 조리	육수 종류에 따른 도구와 재료 준비 방법의 적절성			
	끓이는 중 부유물과 기름이 떠오르면 건어내어 제거하는 방법의 적절성			
전골 조리	전골 양념장 만들기 능력			
전골 그릇 선택	전골 가열 기구 선택능력			
	전골 그릇에 내용물과 고명을 담는 능력			
	전골을 식탁에 올리는 방법			

작업장 평가

학습내용	평가 항목	성취수준		
		상	중	하
전골 재료 준비 및 전처리	전골 재료 계량방법의 숙련도			
	전골 재료 전처리 과정의 정확성			
	위생적인 조리과정			
전골 육수 조리	육수 종류에 따른 도구와 재료준비			
	찬물에 육수 재료를 넣고 서서히 끓이는 방법의 정확성			
전골 조리	전골 만들기 능력			
전골 그릇 선택	전골 가열 기구 선택의 적절성			
	전골 그릇에 내용물과 고명을 담은 완성도			
	전골을 상 위에 올려 접대하는 방법의 정확성 및 숙련도			

학습자 완성품 사진

닭고기완자전골

재료

- 닭가슴살 300g · 두부 150g
- 불린 표고버섯 4개
- 배추잎 85g · 미나리 50g
- 당면 50g · 국간장 2작은술
- 다진 마늘 1작은술 · 소금 약간

양념

- 달걀 3큰술
- 송송 썬 부추 30g
- 감자 녹말가루 5큰술
- 청주 1큰술
- 다진 마늘 1큰술
- 생강즙 1작은술
- 소금 1/2작은술
- 후춧가루 1/6작은술

육수

- 국물용 멸치 50g · 다시마 10cm 2장
- 청양고추 3개

만드는 법

재료 확인하기

1 닭가슴살, 두부, 표고버섯, 배추잎, 미나리, 당면, 국간장, 마늘, 소금, 달걀, 부추, 녹말가루, 청주, 생강즙 등을 확인하기

사용할 도구 선택하기

2 냄비, 전골냄비, 도마, 칼, 나무젓가락 등 준비하기

재료 계량하기

3 각각의 재료분량을 컵과 저울 등으로 계량하기

재료 준비하기

4 닭가슴살은 곱게 다진다. 양념을 하여 지름 2cm 정도로 완자를 빚는다.
5 두부는 1cm×5cm 크기로 썬다.
6 청양고추는 길이로 반을 가르고, 표고버섯은 채를 썬다.
7 배추잎은 4cm×5cm 크기로 썬다.
8 미나리는 다듬어서 5cm 길이로 썬다.
9 당면은 물에 불린다.
10 멸치는 아가미와 내장을 제거한다.

조리하기

11 멸치를 팬에 노릇하게 볶는다.
12 냄비에 물과 다시마를 넣어 물이 끓으면 다시마를 건지고 멸치와 청양고추를 넣어 20분을 끓이고 건진다. 다시마는 1cm 두께로 채를 썬다.
13 냄비에 육수를 담고 끓으면 국간장, 다진 마늘, 소금을 넣어 간을 한다. 준비된 닭고기 완자를 넣어 익힌다.
14 전골냄비에 배추, 두부, 표고, 미나리, 익힌 닭고기 완자를 담고 육수를 부어 끓인다. 불린 당면을 넣어 당면이 익도록 끓여 불을 줄인다.

| 서술형 시험

학습내용	평가 항목	성취수준		
		상	중	하
전골 재료 준비 및 전처리	전골의 종류와 특징 이해 능력			
	전골 재료의 종류 및 준비 능력			
전골 육수 조리	수조육류의 특징 이해능력			
	버섯류의 특징 이해능력			
전골 조리	채소류 데치기 효과에 대한 이해능력			
	전골에 사용하는 대표적인 조미료 종류 이해능력			
전골 그릇 선택	전골 그릇 선택능력			
	전골 그릇의 특징 이해능력			

| 평가자 체크리스트

학습내용	평가 항목	성취수준		
		상	중	하
전골 재료 준비 및 전처리	전골 재료 계량 실행능력			
	전골 재료에 따라 요구되는 전처리 방법의 정확성 및 숙련도			
전골 육수 조리	육수 종류에 따른 도구와 재료 준비 방법의 적절성			
	끓이는 중 부유물과 기름이 떠오르면 건어내어 제거하는 방법의 적절성			
전골 조리	전골 양념장 만들기 능력			
전골 그릇 선택	전골 가열 기구 선택능력			
	전골 그릇에 내용물과 고명을 담는 능력			
	전골을 식탁에 올리는 방법			

작업장 평가

학습내용	평가 항목	성취수준		
		상	중	하
전골 재료 준비 및 전처리	전골 재료 계량방법의 숙련도			
	전골 재료 전처리 과정의 정확성			
	위생적인 조리과정			
전골 육수 조리	육수 종류에 따른 도구와 재료준비			
	찬물에 육수 재료를 넣고 서서히 끓이는 방법의 정확성			
전골 조리	전골 만들기 능력			
전골 그릇 선택	전골 가열 기구 선택의 적절성			
	전골 그릇에 내용물과 고명을 담은 완성도			
	전골을 상 위에 올려 접대하는 방법의 정확성 및 숙련도			

학습자 완성품 사진

만두전골

재료

- 밀가루 1컵 덧가루용 · 밀가루 3큰술
- 소고기 사태 200g · 무 120g
- 당근 50g · 양파 50g
- 불린 표고버섯 2장
- 느타리버섯 50g · 대파 100g
- 소금 2작은술 · 후춧가루 1/6작은술

만두소 재료
- 다진 돼지고기 1500g · 다진 소고기 50g
- 두부 80g · 부추 150g · 대파 30g

만두소 양념
- 다진 마늘 2큰술 · 간장 1큰술
- 설탕 1작은술 · 청주 1큰술
- 후춧가루 1/3작은술 · 참기름 2큰술
- 참깨 1큰술

초간장 재료
- 간장 1큰술 · 물 1큰술
- 식초 1큰술 · 설탕 1작은술

만드는 법

재료 확인하기
1 밀가루, 사태, 무, 당근, 양파, 표고버섯, 느타리버섯, 대파, 소금, 후춧가루, 돼지고기, 소고기, 두부, 부추, 간장 등을 확인하기

사용할 도구 선택하기
2 냄비, 도마, 칼, 밀대, 믹싱볼, 나무젓가락 등 준비하기

재료 계량하기
3 각각의 재료분량을 컵과 저울 등으로 계량하기

재료 준비하기
4 밀가루는 물을 넣어 반죽하여 숙성시킨다. 지름 8cm 크기로 만두피를 만든다.
5 사태는 찬물에 담가 핏물을 제거한다.
6 무, 당근은 5cm×1.5cm 크기로 썰어 끓는 물에 데쳐 찬물에 헹군다.
7 양파는 1.5cm 두께로 썬다.
8 표고버섯은 채를 썬다.
9 느타리버섯은 길이대로 찢는다.
10 대파는 반으로 갈라 5cm 길이로 썬다.
11 두부는 으깨서 물기를 제거한다.
12 부추, 대파는 송송 썬다.

조리하기
13 다진 돼지고기, 소고기는 핏물을 제거하고, 두부, 부추, 대파와 버무려서 만두소 양념을 한다.
14 만두피에 소를 넣어 만두를 만든다. 바로 먹을 때는 그대로 사용하지만 조금 시간을 두고 먹을 때는 찌거나 삶아서 준비해 둔 상태에서 사용한다.
15 냄비에 물이 끓으면 사태를 데치고, 육수를 1시간 정도 끓이고 체에 육수를 거른다. 고기는 건져서 납작하게 썬다.
16 전골냄비에 준비된 재료를 보기 좋게 담고 육수를 부어 소금, 국간장, 후추로 간을 하고 끓이면서 먹고 육수를 추가하면서 먹는다.
17 초간장을 만들어 만두에 곁들인다.

서술형 시험

학습내용	평가 항목	성취수준		
		상	중	하
전골 재료 준비 및 전처리	전골의 종류와 특징 이해 능력			
	전골 재료의 종류 및 준비 능력			
전골 육수 조리	수조육류의 특징 이해능력			
	버섯류의 특징 이해능력			
전골 조리	채소류 데치기 효과에 대한 이해능력			
	전골에 사용하는 대표적인 조미료 종류 이해능력			
전골 그릇 선택	전골 그릇 선택능력			
	전골 그릇의 특징 이해능력			

평가자 체크리스트

학습내용	평가 항목	성취수준		
		상	중	하
전골 재료 준비 및 전처리	전골 재료 계량 실행능력			
	전골 재료에 따라 요구되는 전처리 방법의 정확성 및 숙련도			
전골 육수 조리	육수 종류에 따른 도구와 재료 준비 방법의 적절성			
	끓이는 중 부유물과 기름이 떠오르면 걷어내어 제거하는 방법의 적절성			
전골 조리	전골 양념장 만들기 능력			
전골 그릇 선택	전골 가열 기구 선택능력			
	전골 그릇에 내용물과 고명을 담는 능력			
	전골을 식탁에 올리는 방법			

작업장 평가

학습내용	평가 항목	성취수준		
		상	중	하
전골 재료 준비 및 전처리	전골 재료 계량방법의 숙련도			
	전골 재료 전처리 과정의 정확성			
	위생적인 조리과정			
전골 육수 조리	육수 종류에 따른 도구와 재료준비			
	찬물에 육수 재료를 넣고 서서히 끓이는 방법의 정확성			
전골 조리	전골 만들기 능력			
전골 그릇 선택	전골 가열 기구 선택의 적절성			
	전골 그릇에 내용물과 고명을 담은 완성도			
	전골을 상 위에 올려 접대하는 방법의 정확성 및 숙련도			

학습자 완성품 사진

어묵전골

재료

- 여러 가지의 어묵 400g
- 홍합 8개 · 냉동 꽃게 1마리
- 불린 표고버섯 4장
- 곤약 100g · 당근 70g
- 무 150g · 쑥갓 50g
- 대나무 꼬치

육수

- 다시마 20cm 1장
- 국간장 1큰술
- 대파 100g · 마늘 30g
- 청양고추 3개 · 통후추 10알
- 생강 20g · 소금 약간

겨자장

- 발효겨자 1작은술
- 간장 1/2작은술
- 식초 1큰술
- 청주 1큰술
- 설탕 1큰술

만드는 법

재료 확인하기

1 어묵, 조개, 꽃게, 유부, 표고버섯, 곤약, 당근, 무, 쑥갓, 대나무 꼬치, 다시마, 국간장, 대파, 마늘, 청양고추, 겨자, 간장 등을 확인하기

사용할 도구 선택하기

2 냄비, 전골냄비, 도마, 칼, 나무젓가락 등 준비하기

재료 계량하기

3 각각의 재료분량을 컵과 저울 등으로 계량하기

재료 준비하기

4 어묵은 한입 크기로 썰어 꼬치에 손잡이 여유분을 남기고 꿴다.
5 홍합은 수염을 제거하고 깨끗하게 씻어 준비한다.
6 꽃게는 손질하여 6토막으로 자른다.
7 표고버섯은 채를 썬다.
8 곤약은 2cm×6cm 크기로 썰어 가운데 칼집을 3번 넣어 다음 뒤집어서 모양을 만든다.
9 당근과 무는 꽃 모양과 은행잎 모양으로 자른다. 끓는 물에 한 번 데쳐 찬물에 헹군다.
10 쑥갓은 잎으로부터 15cm 정도 되도록 손질하여 찬물에 담근다.
11 대파와 청양고추는 반으로 길게 가르고, 생강은 편으로 썬다.

조리하기

12 냄비에 찬물과 다시마를 넣어 센 불에서 끓이고 물이 끓으면 다시마를 건져 먹기 좋게 썰고, 다시마 육수에 대파, 마늘, 썬 청양고추, 통후추, 편으로 썬 생강을 넣어 20분 끓이고 국간장으로 색을 내고 소금으로 간을 한다.
13 전골냄비에 꽃게, 홍합, 어묵 꼬치, 표고버섯, 곤약, 당근, 무를 보기 좋게 담고 육수를 부어 끓인다. 썰어 놓은 다시마와 쑥갓을 넣어 끓이면서 먹는다.
14 겨자장을 만들어 곁들인다.

서술형 시험

학습내용	평가 항목	성취수준		
		상	중	하
전골 재료 준비 및 전처리	전골의 종류와 특징 이해 능력			
	전골 재료의 종류 및 준비 능력			
전골 육수 조리	수조육류의 특징 이해능력			
	버섯류의 특징 이해능력			
전골 조리	채소류 데치기 효과에 대한 이해능력			
	전골에 사용하는 대표적인 조미료 종류 이해능력			
전골 그릇 선택	전골 그릇 선택능력			
	전골 그릇의 특징 이해능력			

평가자 체크리스트

학습내용	평가 항목	성취수준		
		상	중	하
전골 재료 준비 및 전처리	전골 재료 계량 실행능력			
	전골 재료에 따라 요구되는 전처리 방법의 정확성 및 숙련도			
전골 육수 조리	육수 종류에 따른 도구와 재료 준비 방법의 적절성			
	끓이는 중 부유물과 기름이 떠오르면 걷어내어 제거하는 방법의 적절성			
전골 조리	전골 양념장 만들기 능력			
전골 그릇 선택	전골 가열 기구 선택능력			
	전골 그릇에 내용물과 고명을 담는 능력			
	전골을 식탁에 올리는 방법			

작업장 평가

학습내용	평가 항목	성취수준		
		상	중	하
전골 재료 준비 및 전처리	전골 재료 계량방법의 숙련도			
	전골 재료 전처리 과정의 정확성			
	위생적인 조리과정			
전골 육수 조리	육수 종류에 따른 도구와 재료준비			
	찬물에 육수 재료를 넣고 서서히 끓이는 방법의 정확성			
전골 조리	전골 만들기 능력			
전골 그릇 선택	전골 가열 기구 선택의 적절성			
	전골 그릇에 내용물과 고명을 담은 완성도			
	전골을 상 위에 올려 접대하는 방법의 정확성 및 숙련도			

학습자 완성품 사진

조개전골

- 바지락 100g · 모시조개 10개
- 홍합 120g · 가리비 1kg
- 콩나물 100g · 붉은 고추 1개
- 미나리 50g · 쑥갓 50g
- 무 100g · 소금 2큰술

육수
- 다시마 20cm 1장
- 대파 100g · 마늘 30g
- 청양고추 3개 · 통후추 10알
- 국간장 2작은술 · 소금 1작은술

겨자장
- 발효겨자 1작은술 · 간장 1/2작은술
- 식초 1큰술 · 청주 1큰술
- 설탕 1큰술

재료 확인하기
1 바지락, 모시조개, 홍합, 가리비, 콩나물, 붉은 고추, 미나리, 쑥갓, 소금, 다시마, 대파, 마늘, 청양고추, 통후추, 무, 국간장 등을 확인하기

사용할 도구 선택하기
2 냄비, 전골냄비, 도마, 칼, 믹싱볼, 나무젓가락 등 준비하기

재료 계량하기
3 각각의 재료분량을 컵과 저울 등으로 계량하기

재료 준비하기
4 조개류는 소금물에 담가 해감하고, 반으로 갈라 놓는다.
5 콩나물을 씻어 준비한다.
6 붉은 고추는 어슷썰기를 한다.
7 미나리는 잎을 다듬고 6cm 길이로 썬다.
8 쑥갓은 15cm 길이로 다듬어 놓는다.
9 무는 나박썰기를 한다.
10 육수용 대파와 청양고추는 길게 반으로 가른다.

조리하기
11 냄비에 물과 다시마를 넣어 끓으면 다시마를 건지고 마늘, 대파, 청양고추, 통후추를 넣고 20분 끓여 거르고 국간장과 소금을 간을 한다.
12 전골 냄비에 육수를 담고 나박하게 썬 무를 넣어 끓인다. 무가 익으면 콩나물을 넣어 끓이고 준비된 조개류, 미나리, 쑥갓은 조금씩 넣어 끓이면서 건져 먹고 다시 넣어 건져 먹고 한다.
13 겨자장을 만들어 곁들인다.

서술형 시험

학습내용	평가 항목	성취수준		
		상	중	하
전골 재료 준비 및 전처리	전골의 종류와 특징 이해 능력			
	전골 재료의 종류 및 준비 능력			
전골 육수 조리	수조육류의 특징 이해능력			
	버섯류의 특징 이해능력			
전골 조리	채소류 데치기 효과에 대한 이해능력			
	전골에 사용하는 대표적인 조미료 종류 이해능력			
전골 그릇 선택	전골 그릇 선택능력			
	전골 그릇의 특징 이해능력			

평가자 체크리스트

학습내용	평가 항목	성취수준		
		상	중	하
전골 재료 준비 및 전처리	전골 재료 계량 실행능력			
	전골 재료에 따라 요구되는 전처리 방법의 정확성 및 숙련도			
전골 육수 조리	육수 종류에 따른 도구와 재료 준비 방법의 적절성			
	끓이는 중 부유물과 기름이 떠오르면 걷어내어 제거하는 방법의 적절성			
전골 조리	전골 양념장 만들기 능력			
전골 그릇 선택	전골 가열 기구 선택능력			
	전골 그릇에 내용물과 고명을 담는 능력			
	전골을 식탁에 올리는 방법			

작업장 평가

학습내용	평가 항목	성취수준		
		상	중	하
전골 재료 준비 및 전처리	전골 재료 계량방법의 숙련도			
	전골 재료 전처리 과정의 정확성			
	위생적인 조리과정			
전골 육수 조리	육수 종류에 따른 도구와 재료준비			
	찬물에 육수 재료를 넣고 서서히 끓이는 방법의 정확성			
전골 조리	전골 만들기 능력			
전골 그릇 선택	전골 가열 기구 선택의 적절성			
	전골 그릇에 내용물과 고명을 담은 완성도			
	전골을 상 위에 올려 접대하는 방법의 정확성 및 숙련도			

학습자 완성품 사진

새우전골

재료

- 중하 30마리
- 청주 2큰술
- 애호박 120g
- 배추잎 100g
- 미나리 50g
- 느타리버섯 50g
- 팽이버섯 50g
- 쑥갓 50g
- 대파 50g

육수

- 다시마 20cm 1장
- 대파 100g
- 마늘 30g
- 청양고추 3개
- 통후추 10알
- 국간장 2작은술
- 소금 1작은술
- 참치액 3큰술

초간장 재료

- 간장 1큰술 · 물 1큰술
- 식초 1큰술 · 설탕 1작은술

만드는 법

재료 확인하기
1 새우, 애호박, 배추잎, 미나리, 느타리버섯, 팽이버섯, 쑥갓, 다시마, 대파, 마늘, 청양고추 등을 확인하기

사용할 도구 선택하기
2 전골냄비, 냄비, 도마, 칼, 나무젓가락 등 준비하기

재료 계량하기
3 각각의 재료분량을 컵과 저울 등으로 계량하기

재료 준비하기
4 새우는 껍질과 내장을 제거하고 등에 칼집을 넣어 편으로 준비한다. 청주를 뿌린다.
5 애호박, 배추잎, 대파는 1cm×5cm 크기로 썬다.
6 미나리는 5cm 길이로 썬다.
7 느타리버섯은 길이로 찢고, 쑥갓은 15cm 길이로 다듬어 씻는다.
8 육수용 마늘은 편으로 썰고, 대파와 청양고추는 길이로 반을 가른다.

조리하기
9 냄비에 물과 다시마를 넣어 끓으면 다시마를 건지고 마늘, 대파, 청양고추, 통후추, 참치액을 넣고 20분 끓여 거르고 국간장과 소금을 간을 한다.
10 전골 냄비에 육수를 담고 준비된 재료를 함께 식탁에 올려 조금씩 육수에 넣어 끓이면서 먹는다.
11 초간장을 만들어 곁들인다.

학습 평가

▌서술형 시험

학습내용	평가 항목	성취수준		
		상	중	하
전골 재료 준비 및 전처리	전골의 종류와 특징 이해 능력			
	전골 재료의 종류 및 준비 능력			
전골 육수 조리	수조육류의 특징 이해능력			
	버섯류의 특징 이해능력			
전골 조리	채소류 데치기 효과에 대한 이해능력			
	전골에 사용하는 대표적인 조미료 종류 이해능력			
전골 그릇 선택	전골 그릇 선택능력			
	전골 그릇의 특징 이해능력			

▌평가자 체크리스트

학습내용	평가 항목	성취수준		
		상	중	하
전골 재료 준비 및 전처리	전골 재료 계량 실행능력			
	전골 재료에 따라 요구되는 전처리 방법의 정확성 및 숙련도			
전골 육수 조리	육수 종류에 따른 도구와 재료 준비 방법의 적절성			
	끓이는 중 부유물과 기름이 떠오르면 건어내어 제거하는 방법의 적절성			
전골 조리	전골 양념장 만들기 능력			
전골 그릇 선택	전골 가열 기구 선택능력			
	전골 그릇에 내용물과 고명을 담는 능력			
	전골을 식탁에 올리는 방법			

작업장 평가

학습내용	평가 항목	성취수준		
		상	중	하
전골 재료 준비 및 전처리	전골 재료 계량방법의 숙련도			
	전골 재료 전처리 과정의 정확성			
	위생적인 조리과정			
전골 육수 조리	육수 종류에 따른 도구와 재료준비			
	찬물에 육수 재료를 넣고 서서히 끓이는 방법의 정확성			
전골 조리	전골 만들기 능력			
전골 그릇 선택	전골 가열 기구 선택의 적절성			
	전골 그릇에 내용물과 고명을 담은 완성도			
	전골을 상 위에 올려 접대하는 방법의 정확성 및 숙련도			

학습자 완성품 사진

갈낙새전골

재료

- LA갈비 300g · 낙지 1마리(300g)
- 새우 10마리(230g) · 느타리버섯 100g
- 새송이버섯 1개 · 대파 100g
- 양파 100g · 미나리 40g
- 쑥갓 40g · 무 100g
- 배추잎 100g · 당면 60g
- 물 4컵

갈비양념

- 간장 4작은술
- 설탕 2작은술
- 다진 마늘 1큰술
- 다진 대파 2작은술
- 청주 2큰술 · 후춧가루 약간

낙지양념

- 간장 1큰술 · 설탕 1작은술
- 참기름 1큰술 · 참깨 2작은술
- 고추장 5큰술 · 미림 1큰술
- 고춧가루 2큰술

만드는 법

재료 확인하기

1 갈비, 낙지, 새우, 느타리버섯, 새송이버섯, 대파, 양파, 쑥갓, 미나리, 무, 배추잎, 당면, 간장, 설탕, 후춧가루 등을 확인하기

사용할 도구 선택하기

2 냄비, 전골, 도마, 칼, 나무젓가락 등 준비하기

재료 계량하기

3 각각의 재료분량을 컵과 저울 등으로 계량하기

재료 준비하기

4 LA갈비는 뼈와 뼈 사이를 칼로 썰고, 찬물에 담가 핏물을 제거한다.
5 낙지는 깨끗하게 손질하여 6cm 길이로 썰어서 낙지 양념에 버무려 재워둔다.
6 새우는 깨끗하게 씻어 내장을 제거하다.
7 느타리버섯은 길이로 찢는다.
8 새송이버섯은 5cm×0.5cm로 채를 썬다.
9 대파는 반으로 갈라 5cm 길이로 썬다.
10 양파는 1.5cm 두께로 채를 썬다.
11 쑥갓은 15cm 정도로 다듬어 씻는다.
12 미나리는 다듬어 손질하고 5cm 길이로 썬다.
13 무와 배추잎은 2cm×5cm 크기로 썬다.
14 당면은 물에 담가 불린다.

조리하기

15 끓는 물에 LA갈비를 데쳐서 끓는 물에 30분 삶은 다음 갈비 양념을 넣어 갈비가 부드럽게 익도록 끓인다.
16 전골냄비에 양념한 LA갈비, 낙지, 새우, 느타리버섯, 새송이버섯, 대파, 양파, 당면, 무, 배추를 보기 좋게 담고 LA갈비 육수를 4컵 부어 끓인 다음 간을 맞춘다. 쑥갓과 미나리는 먹기 직전에 넣는다.

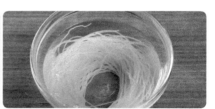

| 서술형 시험

학습내용	평가 항목	성취수준		
		상	중	하
전골 재료 준비 및 전처리	전골의 종류와 특징 이해 능력			
	전골 재료의 종류 및 준비 능력			
전골 육수 조리	수조육류의 특징 이해능력			
	버섯류의 특징 이해능력			
전골 조리	채소류 데치기 효과에 대한 이해능력			
	전골에 사용하는 대표적인 조미료 종류 이해능력			
전골 그릇 선택	전골 그릇 선택능력			
	전골 그릇의 특징 이해능력			

| 평가자 체크리스트

학습내용	평가 항목	성취수준		
		상	중	하
전골 재료 준비 및 전처리	전골 재료 계량 실행능력			
	전골 재료에 따라 요구되는 전처리 방법의 정확성 및 숙련도			
전골 육수 조리	육수 종류에 따른 도구와 재료 준비 방법의 적절성			
	끓이는 중 부유물과 기름이 떠오르면 걷어내어 제거하는 방법의 적절성			
전골 조리	전골 양념장 만들기 능력			
전골 그릇 선택	전골 가열 기구 선택능력			
	전골 그릇에 내용물과 고명을 담는 능력			
	전골을 식탁에 올리는 방법			

작업장 평가

학습내용	평가 항목	성취수준 상	중	하
전골 재료 준비 및 전처리	전골 재료 계량방법의 숙련도			
	전골 재료 전처리 과정의 정확성			
	위생적인 조리과정			
전골 육수 조리	육수 종류에 따른 도구와 재료준비			
	찬물에 육수 재료를 넣고 서서히 끓이는 방법의 정확성			
전골 조리	전골 만들기 능력			
전골 그릇 선택	전골 가열 기구 선택의 적절성			
	전골 그릇에 내용물과 고명을 담은 완성도			
	전골을 상 위에 올려 접대하는 방법의 정확성 및 숙련도			

학습자 완성품 사진

김치떡전골

- 배추김치 400g
- 소고기 120g
- 가래떡 200g(10cm 3개)
- 달걀 1개
- 대파 100g
- 황금팽이버섯 70g
- 소고기 육수 4컵

고기양념

- 간장 1큰술
- 설탕 1큰술
- 다진 대파 1큰술
- 다진 마늘 1/2큰술
- 참기름 2작은술
- 참깨 1작은술
- 후춧가루 1/6작은술

만드는 법

재료 확인하기

1 배추김치, 소고기, 가래떡, 달걀, 대파, 팽이버섯, 육수, 간장, 마늘, 참기름, 참깨, 후춧가루 등을 확인하기

사용할 도구 선택하기

2 전골냄비, 도마, 칼, 나무젓가락 등 준비하기

재료 계량하기

3 각각의 재료분량을 컵과 저울 등으로 계량하기

재료 준비하기

4 배추김치는 속을 털어내고 1cm 폭으로 썬다.
5 소고기는 0.8cm×6cm 크기로 채를 썬다. 고기양념을 하여 재워둔다.
6 가래떡은 4등분하여 끓는 물에 데친다.
7 대파는 길이로 4등분하여 5cm 길이로 썬다.
8 황금팽이버섯은 밑동을 자르고 물에 씻어 물기를 제거한다.

조리하기

9 전골 냄비에 준비된 재료를 보기 좋게 담고 육수를 부어 끓인다.
10 재료가 잘 익어 맛이 좋아지면 가운데에 달걀을 깨서 넣고 끓이면서 먹는다.

학습
평가

서술형 시험

학습내용	평가 항목	성취수준		
		상	중	하
전골 재료 준비 및 전처리	전골의 종류와 특징 이해 능력			
	전골 재료의 종류 및 준비 능력			
전골 육수 조리	수조육류의 특징 이해능력			
	버섯류의 특징 이해능력			
전골 조리	채소류 데치기 효과에 대한 이해능력			
	전골에 사용하는 대표적인 조미료 종류 이해능력			
전골 그릇 선택	전골 그릇 선택능력			
	전골 그릇의 특징 이해능력			

평가자 체크리스트

학습내용	평가 항목	성취수준		
		상	중	하
전골 재료 준비 및 전처리	전골 재료 계량 실행능력			
	전골 재료에 따라 요구되는 전처리 방법의 정확성 및 숙련도			
전골 육수 조리	육수 종류에 따른 도구와 재료 준비 방법의 적절성			
	끓이는 중 부유물과 기름이 떠오르면 걷어내어 제거하는 방법의 적절성			
전골 조리	전골 양념장 만들기 능력			
전골 그릇 선택	전골 가열 기구 선택능력			
	전골 그릇에 내용물과 고명을 담는 능력			
	전골을 식탁에 올리는 방법			

작업장 평가

학습내용	평가 항목	성취수준		
		상	중	하
전골 재료 준비 및 전처리	전골 재료 계량방법의 숙련도			
	전골 재료 전처리 과정의 정확성			
	위생적인 조리과정			
전골 육수 조리	육수 종류에 따른 도구와 재료준비			
	찬물에 육수 재료를 넣고 서서히 끓이는 방법의 정확성			
전골 조리	전골 만들기 능력			
전골 그릇 선택	전골 가열 기구 선택의 적절성			
	전골 그릇에 내용물과 고명을 담은 완성도			
	전골을 상 위에 올려 접대하는 방법의 정확성 및 숙련도			

학습자 완성품 사진

일일 개인위생 점검표(입실준비)

점검일 : 년 월 일 이름 :		점검결과		
점검 항목	착용 및 실시 여부	양호	보통	미흡
조리모				
두발의 형태에 따른 손질(머리망 등)				
조리복 상의				
조리복 바지				
앞치마				
스카프				
안전화				
손톱의 길이 및 매니큐어 여부				
반지, 시계, 팔찌 등				
짙은 화장				
향수				
손 씻기				
상처유무 및 적절한 조치				
흰색 행주 지참				
사이드 타월				
개인용 조리도구				

일일 위생 점검표(퇴실준비)

점검일 : 년 월 일 이름 :		점검결과		
점검 항목	착용 및 실시 여부	양호	보통	미흡
그릇, 기물 세척 및 정리정돈				
기계, 도구, 장비 세척 및 정리정돈				
작업대 청소 및 물기 제거				
가스레인지 또는 인덕션 청소				
양념통 정리				
남은 재료 정리정돈				
음식 쓰레기 처리				
개수대 청소				
수도 주변 및 세제 관리				
바닥 청소				
청소도구 정리정돈				
전기 및 Gas 체크				

일일 개인위생 점검표(입실준비)

점검일 : 년 월 일 이름 :				
점검 항목	착용 및 실시 여부	점검결과		
		양호	보통	미흡
조리모				
두발의 형태에 따른 손질(머리망 등)				
조리복 상의				
조리복 바지				
앞치마				
스카프				
안전화				
손톱의 길이 및 매니큐어 여부				
반지, 시계, 팔찌 등				
짙은 화장				
향수				
손 씻기				
상처유무 및 적절한 조치				
흰색 행주 지참				
사이드 타월				
개인용 조리도구				

일일 위생 점검표(퇴실준비)

점검일 : 년 월 일 이름 :				
점검 항목	착용 및 실시 여부	점검결과		
		양호	보통	미흡
그릇, 기물 세척 및 정리정돈				
기계, 도구, 장비 세척 및 정리정돈				
작업대 청소 및 물기 제거				
가스레인지 또는 인덕션 청소				
양념통 정리				
남은 재료 정리정돈				
음식 쓰레기 처리				
개수대 청소				
수도 주변 및 세제 관리				
바닥 청소				
청소도구 정리정돈				
전기 및 Gas 체크				

일일 개인위생 점검표(입실준비)

점검 항목	착용 및 실시 여부	점검결과		
		양호	보통	미흡
조리모				
두발의 형태에 따른 손질(머리망 등)				
조리복 상의				
조리복 바지				
앞치마				
스카프				
안전화				
손톱의 길이 및 매니큐어 여부				
반지, 시계, 팔찌 등				
짙은 화장				
향수				
손 씻기				
상처유무 및 적절한 조치				
흰색 행주 지참				
사이드 타월				
개인용 조리도구				

점검일 :   년   월   일   이름 :

일일 위생 점검표(퇴실준비)

점검 항목	착용 및 실시 여부	점검결과		
		양호	보통	미흡
그릇, 기물 세척 및 정리정돈				
기계, 도구, 장비 세척 및 정리정돈				
작업대 청소 및 물기 제거				
가스레인지 또는 인덕션 청소				
양념통 정리				
남은 재료 정리정돈				
음식 쓰레기 처리				
개수대 청소				
수도 주변 및 세제 관리				
바닥 청소				
청소도구 정리정돈				
전기 및 Gas 체크				

점검일 :   년   월   일   이름 :

▎일일 개인위생 점검표(입실준비)

점검 항목	착용 및 실시 여부	점검결과		
점검일 : 년 월 일 이름 :		양호	보통	미흡
조리모				
두발의 형태에 따른 손질(머리망 등)				
조리복 상의				
조리복 바지				
앞치마				
스카프				
안전화				
손톱의 길이 및 매니큐어 여부				
반지, 시계, 팔찌 등				
짙은 화장				
향수				
손 씻기				
상처유무 및 적절한 조치				
흰색 행주 지참				
사이드 타월				
개인용 조리도구				

▎일일 위생 점검표(퇴실준비)

점검 항목	착용 및 실시 여부	점검결과		
점검일 : 년 월 일 이름 :		양호	보통	미흡
그릇, 기물 세척 및 정리정돈				
기계, 도구, 장비 세척 및 정리정돈				
작업대 청소 및 물기 제거				
가스레인지 또는 인덕션 청소				
양념통 정리				
남은 재료 정리정돈				
음식 쓰레기 처리				
개수대 청소				
수도 주변 및 세제 관리				
바닥 청소				
청소도구 정리정돈				
전기 및 Gas 체크				

일일 개인위생 점검표(입실준비)

점검 항목	착용 및 실시 여부	점검결과		
		양호	보통	미흡
조리모				
두발의 형태에 따른 손질(머리망 등)				
조리복 상의				
조리복 바지				
앞치마				
스카프				
안전화				
손톱의 길이 및 매니큐어 여부				
반지, 시계, 팔찌 등				
짙은 화장				
향수				
손 씻기				
상처유무 및 적절한 조치				
흰색 행주 지참				
사이드 타월				
개인용 조리도구				

점검일 : 년 월 일   이름 :

일일 위생 점검표(퇴실준비)

점검 항목	착용 및 실시 여부	점검결과		
		양호	보통	미흡
그릇, 기물 세척 및 정리정돈				
기계, 도구, 장비 세척 및 정리정돈				
작업대 청소 및 물기 제거				
가스레인지 또는 인덕션 청소				
양념통 정리				
남은 재료 정리정돈				
음식 쓰레기 처리				
개수대 청소				
수도 주변 및 세제 관리				
바닥 청소				
청소도구 정리정돈				
전기 및 Gas 체크				

점검일 : 년 월 일   이름 :

일일 개인위생 점검표(입실준비)

점검 항목	착용 및 실시 여부	점검결과		
		양호	보통	미흡
조리모				
두발의 형태에 따른 손질(머리망 등)				
조리복 상의				
조리복 바지				
앞치마				
스카프				
안전화				
손톱의 길이 및 매니큐어 여부				
반지, 시계, 팔찌 등				
짙은 화장				
향수				
손 씻기				
상처유무 및 적절한 조치				
흰색 행주 지참				
사이드 타월				
개인용 조리도구				

점검일 : 년 월 일 이름 :

일일 위생 점검표(퇴실준비)

점검 항목	착용 및 실시 여부	점검결과		
		양호	보통	미흡
그릇, 기물 세척 및 정리정돈				
기계, 도구, 장비 세척 및 정리정돈				
작업대 청소 및 물기 제거				
가스레인지 또는 인덕션 청소				
양념통 정리				
남은 재료 정리정돈				
음식 쓰레기 처리				
개수대 청소				
수도 주변 및 세제 관리				
바닥 청소				
청소도구 정리정돈				
전기 및 Gas 체크				

점검일 : 년 월 일 이름 :

일일 개인위생 점검표(입실준비)

점검일 :　　년　월　일　　이름 :

점검 항목	착용 및 실시 여부	점검결과		
		양호	보통	미흡
조리모				
두발의 형태에 따른 손질(머리망 등)				
조리복 상의				
조리복 바지				
앞치마				
스카프				
안전화				
손톱의 길이 및 매니큐어 여부				
반지, 시계, 팔찌 등				
짙은 화장				
향수				
손 씻기				
상처유무 및 적절한 조치				
흰색 행주 지참				
사이드 타월				
개인용 조리도구				

일일 위생 점검표(퇴실준비)

점검일 :　　년　월　일　　이름 :

점검 항목	착용 및 실시 여부	점검결과		
		양호	보통	미흡
그릇, 기물 세척 및 정리정돈				
기계, 도구, 장비 세척 및 정리정돈				
작업대 청소 및 물기 제거				
가스레인지 또는 인덕션 청소				
양념통 정리				
남은 재료 정리정돈				
음식 쓰레기 처리				
개수대 청소				
수도 주변 및 세제 관리				
바닥 청소				
청소도구 정리정돈				
전기 및 Gas 체크				

| 일일 개인위생 점검표(입실준비)

점검일 : 년 월 일 이름 :				
점검 항목	착용 및 실시 여부	점검결과		
		양호	보통	미흡
조리모				
두발의 형태에 따른 손질(머리망 등)				
조리복 상의				
조리복 바지				
앞치마				
스카프				
안전화				
손톱의 길이 및 매니큐어 여부				
반지, 시계, 팔찌 등				
짙은 화장				
향수				
손 씻기				
상처유무 및 적절한 조치				
흰색 행주 지참				
사이드 타월				
개인용 조리도구				

| 일일 위생 점검표(퇴실준비)

점검일 : 년 월 일 이름 :				
점검 항목	착용 및 실시 여부	점검결과		
		양호	보통	미흡
그릇, 기물 세척 및 정리정돈				
기계, 도구, 장비 세척 및 정리정돈				
작업대 청소 및 물기 제거				
가스레인지 또는 인덕션 청소				
양념통 정리				
남은 재료 정리정돈				
음식 쓰레기 처리				
개수대 청소				
수도 주변 및 세제 관리				
바닥 청소				
청소도구 정리정돈				
전기 및 Gas 체크				

일일 개인위생 점검표(입실준비)

점검 항목	착용 및 실시 여부	점검결과		
		양호	보통	미흡
조리모				
두발의 형태에 따른 손질(머리망 등)				
조리복 상의				
조리복 바지				
앞치마				
스카프				
안전화				
손톱의 길이 및 매니큐어 여부				
반지, 시계, 팔찌 등				
짙은 화장				
향수				
손 씻기				
상처유무 및 적절한 조치				
흰색 행주 지참				
사이드 타월				
개인용 조리도구				

점검일 : 년 월 일   이름 :

일일 위생 점검표(퇴실준비)

점검 항목	착용 및 실시 여부	점검결과		
		양호	보통	미흡
그릇, 기물 세척 및 정리정돈				
기계, 도구, 장비 세척 및 정리정돈				
작업대 청소 및 물기 제거				
가스레인지 또는 인덕션 청소				
양념통 정리				
남은 재료 정리정돈				
음식 쓰레기 처리				
개수대 청소				
수도 주변 및 세제 관리				
바닥 청소				
청소도구 정리정돈				
전기 및 Gas 체크				

점검일 : 년 월 일   이름 :

| 일일 개인위생 점검표(입실준비)

점검 항목	착용 및 실시 여부	점검결과		
		양호	보통	미흡
조리모				
두발의 형태에 따른 손질(머리망 등)				
조리복 상의				
조리복 바지				
앞치마				
스카프				
안전화				
손톱의 길이 및 매니큐어 여부				
반지, 시계, 팔찌 등				
짙은 화장				
향수				
손 씻기				
상처유무 및 적절한 조치				
흰색 행주 지참				
사이드 타월				
개인용 조리도구				

점검일 : 년 월 일 이름 :

| 일일 위생 점검표(퇴실준비)

점검 항목	착용 및 실시 여부	점검결과		
		양호	보통	미흡
그릇, 기물 세척 및 정리정돈				
기계, 도구, 장비 세척 및 정리정돈				
작업대 청소 및 물기 제거				
가스레인지 또는 인덕션 청소				
양념통 정리				
남은 재료 정리정돈				
음식 쓰레기 처리				
개수대 청소				
수도 주변 및 세제 관리				
바닥 청소				
청소도구 정리정돈				
전기 및 Gas 체크				

점검일 : 년 월 일 이름 :

일일 개인위생 점검표(입실준비)

점검 항목	착용 및 실시 여부	점검결과		
		양호	보통	미흡
조리모				
두발의 형태에 따른 손질(머리망 등)				
조리복 상의				
조리복 바지				
앞치마				
스카프				
안전화				
손톱의 길이 및 매니큐어 여부				
반지, 시계, 팔찌 등				
짙은 화장				
향수				
손 씻기				
상처유무 및 적절한 조치				
흰색 행주 지참				
사이드 타월				
개인용 조리도구				

점검일 : 년 월 일   이름 :

일일 위생 점검표(퇴실준비)

점검 항목	착용 및 실시 여부	점검결과		
		양호	보통	미흡
그릇, 기물 세척 및 정리정돈				
기계, 도구, 장비 세척 및 정리정돈				
작업대 청소 및 물기 제거				
가스레인지 또는 인덕션 청소				
양념통 정리				
남은 재료 정리정돈				
음식 쓰레기 처리				
개수대 청소				
수도 주변 및 세제 관리				
바닥 청소				
청소도구 정리정돈				
전기 및 Gas 체크				

점검일 : 년 월 일   이름 :

| 일일 개인위생 점검표(입실준비)

점검 항목	착용 및 실시 여부	점검결과		
		양호	보통	미흡
조리모				
두발의 형태에 따른 손질(머리망 등)				
조리복 상의				
조리복 바지				
앞치마				
스카프				
안전화				
손톱의 길이 및 매니큐어 여부				
반지, 시계, 팔찌 등				
짙은 화장				
향수				
손 씻기				
상처유무 및 적절한 조치				
흰색 행주 지참				
사이드 타월				
개인용 조리도구				

점검일 : 년 월 일 이름 :

| 일일 위생 점검표(퇴실준비)

점검 항목	착용 및 실시 여부	점검결과		
		양호	보통	미흡
그릇, 기물 세척 및 정리정돈				
기계, 도구, 장비 세척 및 정리정돈				
작업대 청소 및 물기 제거				
가스레인지 또는 인덕션 청소				
양념통 정리				
남은 재료 정리정돈				
음식 쓰레기 처리				
개수대 청소				
수도 주변 및 세제 관리				
바닥 청소				
청소도구 정리정돈				
전기 및 Gas 체크				

점검일 : 년 월 일 이름 :

일일 개인위생 점검표(입실준비)

점검일 :   년   월   일   이름 :

점검 항목	착용 및 실시 여부	점검결과		
		양호	보통	미흡
조리모				
두발의 형태에 따른 손질(머리망 등)				
조리복 상의				
조리복 바지				
앞치마				
스카프				
안전화				
손톱의 길이 및 매니큐어 여부				
반지, 시계, 팔찌 등				
짙은 화장				
향수				
손 씻기				
상처유무 및 적절한 조치				
흰색 행주 지참				
사이드 타월				
개인용 조리도구				

일일 위생 점검표(퇴실준비)

점검일 :   년   월   일   이름 :

점검 항목	착용 및 실시 여부	점검결과		
		양호	보통	미흡
그릇, 기물 세척 및 정리정돈				
기계, 도구, 장비 세척 및 정리정돈				
작업대 청소 및 물기 제거				
가스레인지 또는 인덕션 청소				
양념통 정리				
남은 재료 정리정돈				
음식 쓰레기 처리				
개수대 청소				
수도 주변 및 세제 관리				
바닥 청소				
청소도구 정리정돈				
전기 및 Gas 체크				

일일 개인위생 점검표(입실준비)

점검일 : 　년　월　일　　이름 :

점검 항목	착용 및 실시 여부	점검결과		
		양호	보통	미흡
조리모				
두발의 형태에 따른 손질(머리망 등)				
조리복 상의				
조리복 바지				
앞치마				
스카프				
안전화				
손톱의 길이 및 매니큐어 여부				
반지, 시계, 팔찌 등				
짙은 화장				
향수				
손 씻기				
상처유무 및 적절한 조치				
흰색 행주 지참				
사이드 타월				
개인용 조리도구				

일일 위생 점검표(퇴실준비)

점검일 : 　년　월　일　　이름 :

점검 항목	착용 및 실시 여부	점검결과		
		양호	보통	미흡
그릇, 기물 세척 및 정리정돈				
기계, 도구, 장비 세척 및 정리정돈				
작업대 청소 및 물기 제거				
가스레인지 또는 인덕션 청소				
양념통 정리				
남은 재료 정리정돈				
음식 쓰레기 처리				
개수대 청소				
수도 주변 및 세제 관리				
바닥 청소				
청소도구 정리정돈				
전기 및 Gas 체크				

저자 소개

한혜영

현) 충북도립대학교 조리제빵과 교수
　　어린이급식관리지원센터 센터장
- 세종대학교 조리외식경영학전공 조리학 박사
- 숙명여자대학교 전통식생활문화전공 석사
- 조리기능장
- Le Cordon bleu (France, Australia) 연수
- The Culinary Institute of America 연수
- Cursos de cocina espanola en sevilla (Spain) 연수
- Italian Culinary Institute For Foreigner 연수
- 롯데호텔 서울
- 인터컨티넨탈 호텔 서울
- 떡제조기능사, 조리산업기사, 조리기능장 출제위원 및 심사위원
- 한국외식산업학회 이사
- 농림축산식품부장관상, 식약처장상, 해양수산부장관상,
　산림청장상
- 대전지방식품의약품안전청장상, 충북도지사상
- KBS 비타민, 위기탈출넘버원
- 한혜영 교수의 재미있고 맛있는 음식이야기 CJB 라디오
　청주방송
- SBS 모닝와이드
- MBC 생방송오늘아침 등
- 파리, 대만, 홍콩, 알제리, 카타르, 싱가포르, 상해, 터키, 리옹,
　라스베이거스, 요르단, 쿠웨이트, 터키, 말레이시아, 미국, 오만,
　에콰도르, 파나마, 카타르, 몽골, 체코, 브라질, 네덜란드, 호주,
　일본 등 대사관 초청 한국음식 강의 및 홍보행사
- 순창, 임실, 옥천, 밀양, 화천, 봉화, 진천, 태백, 경주, 서산, 충주,
　양양, 옹진, 성주, 이천 등 메뉴개발 및 강의

저서
- 한혜영의 한국음식, 효일출판사, 2013
- NCS 자격검정을 위한 한식조리 12권, 백산출판사, 2016
- NCS 자격검정을 위한 한식기초조리실무, 백산출판사, 2017
- NCS 자격검정을 위한 알기쉬운 한식조리, 백산출판사, 2017
- NCS 한식조리실무, 백산출판사, 2017
- 조리사가 꼭 알아야 할 단체급식, 백산출판사, 2018
- 양식조리 NCS학습모듈 공동 집필 8권, 한국직업능력개발원,
　2018
- 동남아요리, 백산출판사, 2019
- 떡제조기능사, 비앤씨월드, 2020
- 푸드스타일링 실습, 충북도립대학교, 2020

신은채

현) 동원과학기술대학교 호텔외식조리과 교수
　　양산시 시설관리공단 〈숲애서〉 자문위원장
- 한식조리기능사, 조리산업기사 감독위원
- 세종대학교 식품영양학과 이학사
- 서울대학교 보건대학원 보건학 석사
- 동아대학교 식품영양학과 이학박사
- 한식세계화 한식전문조리인력양성과정장
- 채널A 먹거리 X파일 착한식당 검증단

안정화

현) 부천대학교 호텔조리학과 겸임교수
　　호원대학교 식품외식조리학과 겸임교수
전) 청운대학교 전통조리과 외래교수
- 세종대학교 외식경영학과 석사
- 조리기능장
- The Culinary Institute of America 연수
- Cursos de Cocina Espanola en Sevilla (Spain) 연수
- 중국양생협회 약선요리 연수
- 한식조리산업기사, 양식조리산업기사, 맛평가사
- 더록스레스토랑 총괄조리장
- KWCA KCC 심사위원
- 세계음식문화원 상임이사
- 해양수산부장관상
- 사찰요리 대상(서울시장상)
- 쌀요리대회 대상
- SBS생방송투데이(조선시대 면요리)
- KBS약선요리
- YTN 뇌의 건강한 요리

저서
- 한식조리기능사(효일출판사)
- 양식조리기능사(백산출판사)

임재창

- 우송정보대학교 조리부사관과 겸임교수
- 마스터쉐프한국협회 상임이사
- 한국음식조리문화협회 상임이사
- 조리기능장 감독위원
- 국민안전처 식품안전위원

저자와의
합의하에
인지첩부
생략

한식조리 전골

2022년 3월 5일 초판 1쇄 인쇄
2022년 3월 10일 초판 1쇄 발행

지은이 한혜영·신은채·안정화·임재창
펴낸이 진욱상
펴낸곳 (주)백산출판사
교 정 박시내
본문디자인 신화정
표지디자인 오정은

등 록 2017년 5월 29일 제406-2017-000058호
주 소 경기도 파주시 회동길 370(백산빌딩 3층)
전 화 02-914-1621(代)
팩 스 031-955-9911
이메일 edit@ibaeksan.kr
홈페이지 www.ibaeksan.kr

ISBN 979-11-6567-471-7 93590
값 12,000원